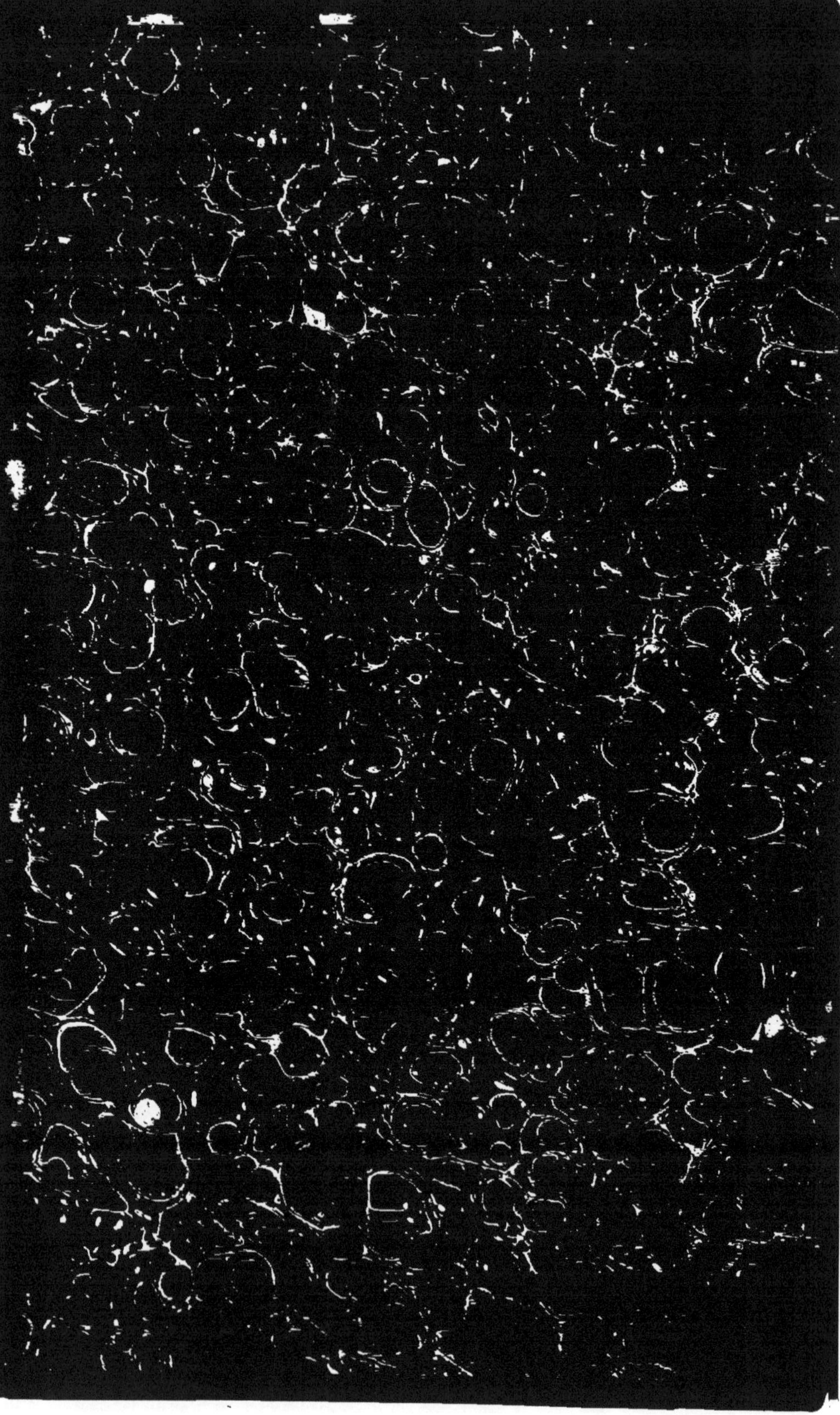

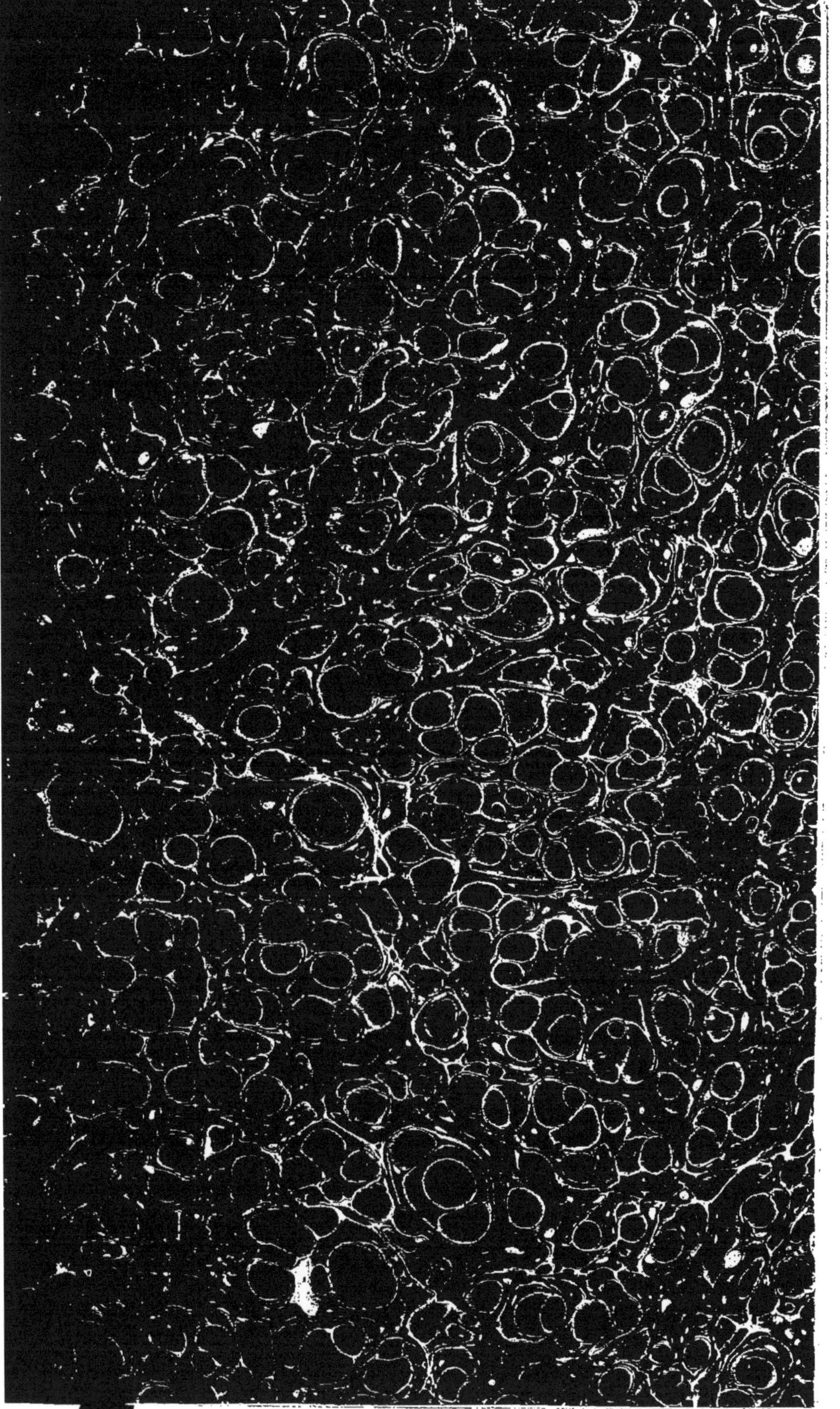

ESSAI

SUR

L'AGRONOMIE.

Pour prévenir les contrefaçons, tous les exemplaires seront revêtus de la signature de l'auteur.

Prix :

POUR LES SOUSCRIPTEURS	**3** fr.
POUR LES NON-SOUSCRIPTEURS . .	**5** fr.

ESSAI

SUR

L'AGRONOMIE

OU

RÉGÉNÉRATION DE L'AGRICULTURE,

PAR

LOUIS GUY,

Petite rue Sainte-Catherine, N° 1,

à Lyon.

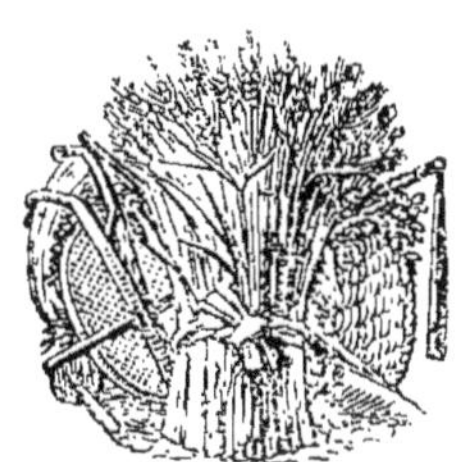

LYON.

IMPRIMERIE TYPOGRAPHIQUE ET LITHOGRAPHIQUE

DE LOUIS PERRIN,

Rue d'Amboise, 6, quartier des Célestins.

1842.

AVANT-PROPOS.

Incapable de satisfaire aux règles de la saine critique du langage, je n'aurais pas livré cet Essai au public, sans le conseil d'amis officieux sans doute; n'ayant jamais écrit pour l'impression.

Ce n'est pas, je l'avoue, que je ne comprisse qu'il pouvait être de quelque utilité, surtout pour la routine, qui ne connaît pas plus la terre que la vie des plantes.

Mais je ne pouvais me décider à sacrifier la forme en faveur de l'idée, si l'on ne m'avait dit de passer outre sans crainte, et sans m'arrêter sur la méthode qui caractérise l'homme de lettres.

Cet Essai était tout simplement destiné à être le code rural particulier d'une entreprise agricole qui est en projet, et devant prendre le titre Essaim, montée par actions de mille francs, et dont la majeure partie des actionnaires devra exécuter les travaux d'exploitation.

De longues années de voyage, tout en me faisant remarquer des faits utiles dont les uns se pratiquaient dans certains pays et les autres plus loin, et desquels faits je demandais toujours le pourquoi lorsque c'était nécessaire pour satisfaire mon esprit un peu investigateur, qui, rarement content des réponses superficielles qui m'étaient faites, ne tarda pas de s'apercevoir que le pourquoi était un mot syriaque en agriculture; remarquant avec peine, d'un autre côté, que ce qu'on savait utiliser et faire dans un canton n'était bien souvent pas même connu ou exécuté par le canton voisin; je compris que la routine seule guidait l'agriculture, et que l'étude la moins savante de la terre était à faire pour la quatre-vingt-dix-neuvième partie des agriculteurs.

C'est cette considération qui me fit sentir le besoin de formuler en principes et les propriétés de la terre, et les différents modes de travail ; car c'est de l'absence d'axiomes faciles à se graver dans l'esprit et capables de faire comprendre aux plus vulgaires l'inépuisable fécondité de la terre, la vie des plantes et les moyens de profiter de cette fécondité en agissant d'après les préceptes de la nature, que s'est prolongé l'empire désastreux de la routine qui a fasciné les yeux de l'humanité depuis un temps immémorial.

Il était pourtant bien facile à la science d'apprendre à tous qu'en même temps que la matière est toute germe, elle est aussi toute engrais, et que l'existence du règne végétal est semblable à celle du règne animal.

Et, dès-lors, la routine n'aurait plus été le pivot agricultural, et le genre humain ne serait pas plus longtemps misérable !

Mais la science a commencé par où elle devait finir !

Avant de se livrer à l'analyse si minutieuse des faits, elle devait chercher les causes des effets, par l'analogie, qui les aurait infailliblement fait découvrir.

Cette marche, jointe au besoin qui a rendu les hommes industrieux, ne laissait donc à l'agriculture que les causes à chercher; car les moyens d'application sont aussi bien connus, que les causes qui produisent les effets de l'application le sont peu. Aussi, à quelque chose près, les manuels agronomiques disent ce qu'il faut dire sur la manière de traiter les plantes. Or, je ne veux copier personne et ne dois chercher que des principes généraux, afin de saper la routine qui, avec son ingéniosité non raisonnée, n'obtiendrait jamais de la terre ce qu'on doit en attendre, alors qu'on connaîtra son essence. Ainsi je n'ai pas dû répéter comment on sème et l'on soigne le choux-fleur, etc..., cela étant très longuement décrit, et connu; mais j'ai dû dire comment vivent les plantes, et faire comprendre que la terre est toute engrais.

Remplirai-je un peu le vide de la lacune que je signale ?

C'est ce que le public est appelé à juger, puisqu'on a fait cesser le silence que m'imposait ma raison.

Ayant reconnu que les principes sont indestructibles comme la vie; sans sortir de mon but, — d'augmenter la somme de bonheur de l'humanité, — le raisonnement venu à l'appui des faits pour étayer mes propositions a dû me porter au-delà de cette vie, par la nature de mes propositions. Si l'analogie qui m'a constamment servi de guide n'avait pas été bien comprise par moi, je répudierais ce qui serait prouvé une erreur.

C'est là le gage que je donne à mes semblables de mes intentions. Heureux si, avec des idées nouvelles, sans avoir l'honneur de régénérer tout seul l'agriculture, j'ai la satisfaction de penser que je suis entré pour quelque chose dans cette grande œuvre, surtout en prouvant que partout l'agriculture trouvera à bon compte la quantité d'engrais dont elle aura besoin !

CHAPITRE 1er.

Considérations Premières.

En même temps que les richesses de la terre sont inépuisables, elles sont aussi les seules capables de rendre l'homme heureux.

Depuis bien longtemps, en effet, il aurait été prouvé pour le bonheur des humains que les richesses de la terre sont inépuisables, si la terre avait été prise pour ce qu'elle est ; si, au lieu de la faire inféconde en la frappant d'inertie, l'on avait compris qu'elle est toute fécondité, étant toute animation dans sa masse, animation variée à l'infini dans la forme et la couleur, pour l'harmonie (1).

(1) Non-seulement l'observation a prouvé qu'un arbre est un vaste empire dont chaque feuille est une province peuplée d'animaux, que l'intérieur des roches les plus compactes est animé de la même façon, mais encore que l'on trouve l'animation dans le plus petit grain de sable comme dans la plus petite partie de semence spermatique.

Avec le microscope qu'avait fait *Eustachius* il vit sortir un petit animal de l'intérieur d'un grain de sable, qui avait été passé par un tamis de soie très serré. En armant les yeux de ce microscope, dit *Robinet*, qui donne la grosseur d'une noix au grain d'un sable fin, toutes les grandeurs intermédiaires existent sous une forme animale, avec une proportion exacte d'organes et de membres; elles existent sous la figure ou forme d'oiseaux, de reptiles et de poissons. Les semences de ces petits animaux fourmillent de vers; et leur petitesse étonnante, plus prodigieuse encore dans sa variété, n'est pas le dernier terme.

Les observations de Leeuwenhoek et autres natu-

L'entreprise méditée de l'*Essaim* ayant pour but de réaliser le bonheur pour tous par la richesse, en l'obtenant de la terre par des travaux méthodiques et raisonnés, dont les préceptes seront pris dans la nature et que la malheureuse routine s'obstine à méconnaître, nous entrerons donc dans des considérations neuves, pour la saper jusque dans ses fondements; car elle perpétuerait la misère du genre humain, quoique placé au milieu d'une abondance luxuriante.

Répétons donc que, si la terre n'a et ne satisfait encore à tous les besoins, c'est parce qu'on ne l'a pas comprise!... On l'a supposée pauvre, alors qu'elle est si riche!... stérile, alors qu'elle est si féconde!... Car *tout est vie et germe dans la terre! et la vie et le germe sont impérissables*,

---

ralistes, sur les animaux spermatiques, finissent d'établir que tout est animation dans la masse. L'expression manque aux hommes pour faire concevoir la petitesse d'animaux comptables par plus d'un millier, dans la quantité de semence prise avec la pointe d'une aiguille !

si non quant à la forme, dont le changement est même nécessaire pour l'harmonie continue.

De ces propositions et des conditions d'existence de l'*harmonie*, découle encore naturellement celle-ci : *La terre produira des types inconnus, qui, pour se produire, n'attendent que des circonstances favorables* (1).

---

(1) En attendant que d'autres preuves viennent justifier cet axiome, nous allons citer un fait qui lui est relatif :

Après avoir assaini un marais de moins d'un hectare, guidé par l'analogie, j'employai, pour vivifier ce sol morfondu depuis un temps immémorial, des cendres de pin et de genêt.

Leur action, tout d'abord, fut de dissoudre les joncs et la mousse aquatique. Mais à mesure que le sol se dénudait, il acquérait une teinte rougeâtre qui provoquait les moqueries de la routine.

Je n'attendis que quatre mois pour mieux rire à mon tour ; car déjà une végétation belle et serrée remplaçait la dénudation et la couleur rougeâtre, par la verdure la plus agréable à l'œil.

Courte, mais compacte, cette première poussée

Pour peu qu'on se rende compte de la loi de la variété, que Dieu créa pour *l'harmonie des*

---

se composa de trèfles blancs et de graminées, que la routine ébahie voulait que j'eusse semés quand même !...

Cette première transformation n'était pourtant que le prélude d'autres bien plus étonnantes et plus satisfaisantes !... Enfin, dans le courant de la troisième année, des trèfles de toutes les espèces, des graminées variées atteignant le menton des faucheurs, des plantes légumineuses, telles que vesces, poix-fleurs et poix pointus du Midi, occupaient sans mélange des places particulières, et avec une telle puissance de végétation, qu'en saisissant ces touffes par un bout l'on faisait remuer leur masse entière. Or, comme dans le pays où s'accomplirent ces phénomènes il n'y a point de trèfles, encore moins de pois pointus, et que personne autre que moi ne s'occupa de l'amendement du marais, il ressort de ces faits ce dilemme : *ou les germes étaient dans le sol et s'y étaient conservés nonobstant une submersion de temps immémorial, ou ils étaient dans les cendres nonobstant l'action du feu ; ou plutôt, ainsi que*

mondes, ces propositions seront des principes établis. Mais laissons la physiognosie aux savants, et disons à la routine : *qu'il ne doit point y avoir de mauvais terrains pour qui se dit agronome* (1).

---

nous l'avançons, ces types ne parurent que par le concours de circonstances favorables. Ce qui le prouve, c'est que, abandonné, le sol est retombé dans son premier état, à quelque chose près.

(1) Justifions encore de suite par des faits cet axiome :

D'après ce que j'avais remarqué dans les Cévennes, dans le Vivarais, etc., je proposai à un voisin de faire à mes frais une plantation de châtaigniers sur un mauvais sol qu'il possédait, absolument dénudé à cause de son inclinaison, et qui ne valait pas 50 francs l'hectare, moyennant le partage de l'usufruit. La proposition fut acceptée aussitôt que faite. Choisissant dès-lors les endroits où la roche primitive était assez friable pour permettre le creusage des trous avec le pic, je réalisai la plantation ; n'ayant pour toute terre végétale que le bris de la roche

CHAPITRE II.

Ameublissement et Défoncement.

En transportant le terrain, le défoncement l'ameublit.

Le propre de l'ameublissement étant de rendre la terre meuble, c'est-à-dire légère et

---

qu'avait fait le pic, j'employai des branches de pin avec des genêts griots pour en créer, en couvrant

friable, il doit être établi, vu le rôle important que l'air joue même sur les racines des plantes,

---

alternativement ces végétaux d'une couche de gord, sur les trous des arbres.

Là encore la réussite vint confondre la routine qui taxait de folie une plantation sur un pareil sol, et dans un pays élevé où l'on n'avait jamais vu châtaigniers. — La châtaigne mûrit assez où la noix mûrit à peine.

Il y a onze ans de cela : eh bien ! dans moins de temps la plantation vaudra mieux que tout le domaine où elle est.

Oh ! dans combien d'endroits j'ai vu créer des vignes sur de pareils sols, et qui donnent de bons résultats ! Les faits constitueraient un gros volume.

Donc, il n'est point de sol infertile en remplissant les plus simples conditions ; c'est d'ailleurs ce que nous avons entrepris de prouver dans cet Essai.

Qui élèverait en doute que les plantations-vignobles d'Ampuis, de Côte-Rôtie, poussées jusqu'au sommet des collines naguère incultes sur plus de la moitié de leur étendue, ne donnent un revenu plus net que leurs plaines si renommées par la bonté du

de prendre des moyens pour leur en procurer la plus grande somme possible.

Or, le défoncement à bras, par le pic, la pioche et la bêche, remplissant les conditions de l'ameublissement, il faut l'exécuter le plus souvent possible, surtout pour les terrains aptes à se tasser bien vite.

Comme le défoncement tout seul n'ameublirait pas assez un terrain trop glaiseux et trop compacte, l'adjonction de silice ou sable est

---

sol? tandis que le sol des collines ne se compose que des débris de la roche primitive, rendue friable par le défoncement à sa surface.

Quelles sont les plaines dans le département de l'Hérault qui rendent, étendue égale, ce que rendent les collines de Vallerogues, au bout des Cévennes? La seule commune de Vallerogues récoltait, il y a quinze ans, pour plus d'un million de soie; et comme à cette époque les endroits les plus arides se changeaient successivement en plantations, il n'y aurait rien de hasardé à dire que de ce coin perdu il sort actuellement pour deux millions de soie ou de châtaignes.

indispensable avec ces terrains, qui rendront avec usure le service qu'on leur aura rendu.

Puisque le défoncement est une condition de première nécessité, même pour les terrains cultivés, il devient indispensable pour les sols qu'ont cultivés les grangers, les fermiers, les routiniers ; les terrains boisés, en friche, pierreux, caillouteux, et peu profonds.

Le défoncement, qui peut varier de quarante-cinq centimètres de profondeur jusqu'à quatre-vingts, selon les circonstances et le but, amende souvent les terrains en même temps qu'il les ameublit, en amenant à la surface une terre encore vierge, et en mélangeant les différentes couches de terre les unes avec les autres.

Si le défoncement doit s'arrêter là où la terre glaise est trop pure, quand la surface en a déjà assez, le contraire doit avoir lieu lorsque, à mesure qu'on arrive plus profond, on trouve de la meilleure terre.

Les défoncements pour pépinières et pour prairies naturelles, comme pour luzernières, exigent soixante-dix centimètres de profondeur au moins, si l'on tient à réussir.

Par la même raison qui nous a fait dire que

le défoncement seul ne pouvait suffire pour l'ameublissement des terres trop compactes sans une adjonction de terre légère, nous dirons qu'au défoncement des terrains sableux il faut joindre des terres compactes, pour qu'il y ait aussi condition de succès; mais alors encore on aura prêté avec usure, lors même qu'on ne pourrait adjoindre aux sols sableux, sablonneux et graveleux, que de l'alumine ou glaise; car les terrains argileux ne sont rebelles à la végétation que faute de mélange avec la silice ou sable; de même que les terres trop sablonneuses ne sont pauvres que parce qu'il leur manque de l'argile ou terre grasse.

Aussi est-il convenu que cinquante parties d'alumine ou glaise, trente de silice ou sable, dix de calcaire ou chaux, et dix d'humus ou terre végétale, constituent la terre la plus productive connue. Ces conditions sont beaucoup plus faciles à remplir qu'on ne pense. Ainsi, comme une grande partie du sol bressan est argilo-siliceuse, adjoignez-lui à peu près le dixième de calcaire qu'il n'a pas, cent hectolitres de chaux par hectare, et ce sol sera une terre du Nil dans peu de temps. Il en sera de même pour le Forez, le Nivernais, où la terre calcaire manque généralement, ainsi que dans le Vivarais, la Haute-Loire, sur les points qui n'ont pas été volcanisés.

Un sol défoncé à soixante-dix centimètres de profondeur deviendra par ce fait productif, ne serait-il que de roche, et lors même que la routine le condamnait à une improduction perpétuelle.

Nous aurions de quoi faire un gros volume si nous voulions citer tous les faits que nous avons vus sur le défoncement, dont plusieurs ont fait l'avenir de beaucoup de personnes, et dont aucune n'a regretté les dépenses qu'il leur a occasionnées. Mais avant de passer à l'appréciation de quelques-uns de ces faits, disons à la routine que nous ne comprenons pas plus les défoncements à la charrue Domballe qu'à la charrue Granger. L'étroitesse du soc permet-elle de soulever à la surface la même quantité que renverse au fond du sillon la charrue? et puis y a-t-il mélange des différentes couches de terre, et brisement de ces mêmes couches? Or, pour énoncer l'action de la charrue, le soc irait-il à quarante centimètres de profondeur, disons renversement et non défoncement : il y a déjà assez longtemps que l'esprit humain a été faussé par le défaut de définition exacte des mots !

Voici quelques faits :

Entre St-Ambroix et Alais (Gard), nous avons vu convertir un sol massif de pierre calcaire en la plus belle olivette et mûrière des environs, par le défoncement. La routine ne manqua pas de gloser ; mais les soixante mille francs que coûta ce défoncement ont créé une propriété dont le maître refusait deux cent mille francs au bout de sept ans.

Que de plantations de mûriers, à Annonay, ont pris la place du granit qu'on défonçait à coups de mine, et qu'on n'a jamais été fâché d'avoir faites ! Là encore, dans le Vivarais et les Cévennes, que de terres à blé, de trèflières même, nous avons vu créer par le défoncement, avec le pic, des plus mauvais sols !

Ces considérations nous font placer ici la réflexion qui devrait terminer ce chapitre. Le défoncement est la base de l'agriculture : avec lui on crée des terrains productifs, des sols incultes ; avec lui l'ameublissement, sans lequel point de belle végétation, est produit.

Comme un sol marécageux et humide ne s'ameublirait pas par le défoncement si préalablement on ne l'assainissait par des rigoles ou tranchées couvertes, pour ne point perdre de terrain, lesquelles, conduisant les eaux dans des boutasses à bonde, rendraient encore service pour l'arrosage des prés ou des terres sèches; il faut donc assainir avant de défoncer les terrains aquatiques, sous peine de n'avoir rien fait d'utile.

Si les céréales et surtout les légumineuses, notamment les choux, prospèrent à étonner sur un sol bien défoncé vulgairement appelé *minage,* il n'en serait pas de même pour la vigne si le terrain défoncé était en taillis, en broussailles, ou en steppes; car, dans ces cas, il faut laisser écouler trois ans avant que d'y planter des provins. Mais, excepté ces cas-là, la vigne s'en trouve très bien, c'est même une nécessité pour une plantation vignicole.

Le défoncement, en Bresse, fait à la profondeur de quarante-huit centimètres, coûte huit francs la coupée, dont quinze à l'hectare font cent vingt francs l'hectare, lorsque le sol n'est pas caillouteux ou trop dur. Dans ces cas-là, il coûte douze francs la coupée ; ce qui fait, terme moyen, cent cinquante francs l'hectare.

Les pionniers de la Haute-Loire, qui n'ont guère de rivaux, défoncent des sols primitifs où il faut constamment le pic, pour deux cents francs l'hectare, en se fournissant leurs outils, à la même profondeur de quarante-huit centimètres. Les défoncements où la mine est nécessaire, sont en dehors de la règle. Ainsi, avec des pionniers embrigadés, l'on fera dans peu de temps défoncer cinquante hectares de sol inculte, moyennant la somme de dix à douze mille francs; et avec cela on aura créé une propriété qui, pour peu qu'elle soit soignée après, vaudra dans peu de temps au moins deux cent mille francs, en estimant seulement la bicherée à cinq cents francs, ou quatre mille francs l'hectare.

Voilà, sans doute, ce que savent beaucoup de personnes, et ce que bien peu de personnes font pourtant!... Pourquoi ? Parce qu'il y a pénurie d'argent chez les trois quarts des propriétaires ruraux, insouciance et dégoût chez ceux qui afferment leurs biens ou qui les font valoir par métayers, dont la routine est vraiment décevante. Mais n'y aurait-il pas incurie de la part des grangers? ceux-ci craindraient une augmentation s'ils bonifiaient les mauvais terrains du maître. De là leur faux calcul, de ne faire valoir que les parties les plus favorables; ce qui empêche l'alternance dans les récoltes, et les rend toutes médiocres.

Ainsi le croisement des intérêts, d'une part, de l'autre l'ignorance et l'impuissance, toutes ces causes annihilent les trésors de la terre.

Posons, en finissant, ce principe: *Sans un bon défoncement, point d'ameublissement; et sans ameublissement, point de végétation vigoureuse* (1).

---

(1) Si le voyageur reste muet d'étonnement devant la végétation gigantesque des forêts vierges et dont l'impénétrable fourré brave l'audacieux curieux qui voudrait froisser leur sol, c'est parce que ce même sol est ameubli selon le vœu de la nature.

Ce sol étant composé du détritus des arbres et des branches qui s'abattent, les parties les plus solides, plus lentes à se convertir en humus, tiennent soulevée la couche de terre végétale qu'ont déjà formée les

CHAPITRE III.

Amendements.

Amender les terrains, c'est les rendre meilleurs.

Le propre des principes étant de lier étroitement les conséquences qui en découlent, on

---

parties plus déliées. De cette façon les racines de ces géants forestiers reçoivent la quantité d'air dont elles ont besoin, tout en permettant un plein développe-

ne peut donc rompre ce lien sans détruire les effets et le principe même.

---

ment aux plantes qui rendent leur séjour infranchissable.

Sans penser que l'agriculture puisse gagner à mettre en usage les essais qu'on a faits de semer du blé sur la terre en le couvrant seulement avec de la paille coupée, ces essais du moins feront-ils comprendre à la routine l'influence puissante qu'exerce l'air sur les racines comme sur la tige des plantes?

Ces exemples ne prouvent-ils pas hautement que le meilleur terrain du monde ne produirait qu'une végétation rabougrie, s'il était assez tassé pour gêner les racines dans leur développement en même temps que l'air dont elles ont besoin?

Enfin, disons que les plantes retirent peut-être plus de nourriture de l'air que par l'intus-susception des sucs de la terre.

Les branches du fum-lan, quoique coupées et suspendues en l'air, se développent et vivent plusieurs années.

C'est à la chimie, qui a déjà rendu de grands services, à rendre encore celui de juger cette question d'une manière précise.

Ainsi les amendements, même par engrais abondants, faits sur un sol dur et tassé, ne donneront jamais que de faibles résultats sans l'ameublissement, qui, nous le répéterons toujours, est la condition *sine qua non* du développement normal des plantes.

Les amendements sont naturels et artificiels :

1° Il y a, comme nous l'avons déjà fait remarquer, amendement naturel par le défoncement lorsque le sol défoncé contient différentes couches de terre, et surtout quand les lits inférieurs sont vierges et de meilleure qualité que les couches de la surface. Alors la vigueur de la

---

Comme il n'est point de règle sans exception, les sols tourbeux, comme l'était celui des marais de Bourgoin après leur dessèchement, ont besoin, pour être fertiles tout de suite, d'une faible adjonction de terre forte qui puisse leur donner assez de consistance.

Quel malheur pour les hommes courageux qui les desséchèrent de n'avoir pas compris cela ! ils auraient été aussi heureux qu'ils ont été malheureux : *honneur à eux, quand même !....*

végétation prouve ce que peuvent les couches qui ont sommeillé longtemps !

Il n'y en a pas moins amendement, lors même que le fond ne vaudrait pas mieux que le dessus, par la fusion des terres entre elles ;

2° Sont naturels aussi les amendements qui se font par l'adjonction des terres sableuses avec les terres glaises, comme nous l'avons fait pressentir dans le chapitre précédent ;

3° Ceux qui se font par le transport de terres riches et profondes sur les sols pauvres et maigres ;

4° Enfin, lorsqu'on donne assez de terre sur les endroits qui n'en ont pas assez, en la prenant au fond des pentes où il y en a toujours de reste.

Ces prélèvements de terre dans les bas-fonds produisent souvent deux bons résultats : ainsi, nous avons vu se convertir naturellement en bon pré l'emplacement sur lequel on avait prélevé un mètre de terre. Ce fait aussi vient appuyer la proposition par laquelle nous disons qu'il suffit du concours de circonstances favorables pour déterminer l'apparition de types nouveaux.

Ajoutons qu'avant ce prélèvement de plus d'un mètre d'épaisseur, le dessus de ce sol produisait des chardons indestructibles qui rabougrissaient toujours les récoltes.

Témoin et satisfait d'un pareil résultat, le propriétaire invitait ceux qui avaient besoin de terre d'en venir prendre à volonté, sans tirer, ni lui ni les autres, d'autres conséquences de ce phénomène, sinon que cela faisait le meilleur de tous ses prés. Quelle leçon pourtant!... Mais la routine ne raisonne pas.

Les amendements artificiels sont ceux que l'on fait avec les engrais quels qu'ils soient.

Seulement il ne faudrait pas croire qu'en mettant la quantité d'engrais suffisante, l'on a fait des amendements rationnels : non ; car, pour être rationnels, les amendements artificiels doivent, comme les naturels, se baser sur les préceptes de l'analogie : c'est-à-dire, les engrais les plus chauds sur les sols les plus froids, etc.

C'est ce que nous essayerons de faire comprendre dans les *modes de fumure*.

CHAPITRE IV.

Assolement.

> *Assoler, c'est imiter la nature*, parce que c'est faire succéder irrévocablement différentes récoltes sur le même sol : c'est la rotation continue.

Bien que la fécondité de la terre soit inépuisable dans l'ensemble de ses richesses, il n'en est pas moins vrai qu'on l'épuiserait de celles qu'elle devrait constamment fournir sur le même point.

Ainsi les plantes ayant, comme les animaux, chacune leurs manières de vivre et de s'alimenter, c'est donc une faute grave en agriculture de faire produire au même champ les mêmes récoltes plusieurs saisons de suite.

Inutile de dire que les trèfles donnant de bons produits pendant deux ans, on ne doit les dessoler qu'après ce temps-là, et ainsi des luzernes après cinq ou six ans.

Pour peu qu'on prenne le soin d'amender les prairies naturelles, elles donneront pendant longtemps toujours de bonnes récoltes; mais celles qu'on a laissées s'abâtardir doivent être dessolées, pour les régénérer. Et, pendant deux ou trois années, elles fourniront de riches récoltes en céréales.

On imitera la nature, disons-nous, par l'assolement continu, parce qu'alors on obéit à l'inflexible loi de la *variété*, qui fait éprouver à la terre comme à tout ce qui existe le besoin de l'alternance.

Faisons-la donc jouir des avantages du changement, si nous ne voulons pas la contraindre à devenir marâtre : à tout elle donnera une nourriture somptueuse, pourvu qu'on ne la contraigne pas à donner à l'un de ses nourrissons ce qu'elle doit réserver pour un autre dont les goûts sont différents, parce qu'elle a des aliments pour toutes les races et toutes les espèces.

De cette vérité incontestable il faut conclure qu'il ne faut pas croire un terrain épuisé, parce qu'il ne donne que de mauvaises récoltes de la même nature; car ce terrain est plein d'autres sucs ou sels, qui ne conviennent qu'à d'autres plantes.

Ainsi, pour profiter des richesses de la terre, imitons la nature en variant les récoltes et même les engrais; et alors les résultats dépasseront notre attente.

Ce principe, tout irrécusable qu'il est, défend donc de tenter au moins une troisième récolte des mêmes céréales sur le même champ, lors même que les deux premières auraient pleinement satisfait.

Mais c'est surtout pour les plantes potagères, légumineuses, tubéreuses, oléagineuses et les racines, que l'alternance est de rigueur après leur cueillette faite; car ces plantes ne réussissent guère deux saisons de suite sur la même place.

Pour beaucoup de ces récoltes la bêche devient indispensable après leur passage, parce que ces plantes sont voraces.

L'agriculture devant devenir d'autant plus riche qu'elle aura plus de fourrages, l'assolement par les prairies artificielles devient une nécessité.

Cet assolement, d'ailleurs, procure encore l'avantage d'amender avantageusement les terrains. En voici une preuve entre mille :

Il y a peu d'années que la vallée qui part d'Annéron (Drôme) jusques à Beau-Croissant (Isère), et qui par son sol caillouteux et la correspondance des angles rentrants et saillants qu'on voit sur les coteaux opposés fait deviner le lit d'un fleuve perdu, ne produisait absolument rien dans la moitié de son étendue. Mais le besoin ayant fait mettre l'opiniâtreté de la partie, on commença par obtenir de faibles produits en trêfle!... C'en fut fait dès-lors de la stérilité de la vallée, appelée Valloire!... Encore quelque temps, et on pourra l'appeler la vallée Belle-Féconde, ainsi que nous l'avons déjà nommée dans un manuscrit qui n'est pas destiné à voir le jour (*La formation des Alpes*).

Ainsi l'on fera très bien, après le défoncement d'un mauvais sol, d'en commencer l'assolement par le trèfle, l'esparcette, la gesse, les vesces, le lupin ou le fumeterre, qui, moins voraces que la luzerne, vivent de moins d'humus. Comme on le voit, le propre de l'assolement, c'est de soulager la terre et de l'amender.

Ainsi, toute propriété rurale doit subir alternativement dans toutes ses parties un assolement varié, afin que le mouvement de rotation amène tour à tour le changement de récolte partout.

En suivant exactement cette méthode, que l'analogie nous prouve être celle de la nature, les terrains considérés comme mauvais et stériles donneront bien vite la preuve du contraire; car ils ne sont infertiles que d'une manière relative.

CHAPITRE V.

Modes de Fumure.

Tout en exprimant l'action, fumure exprime aussi la chose, dans les parcages.

Si pour prévenir l'erreur, qui est toujours funeste, il faut connaître le pourquoi des choses, c'est surtout en agriculture que cette condition devient importante.

C'est de cette condition, sans qu'on s'en soit douté, que dépend pourtant le bonheur de l'humanité, par l'abondance des vraies richesses, ou la misère dans laquelle nous tient encore l'ignorance du pourquoi en agriculture.

Le voile épais, qui depuis si longtemps cache le pourquoi en agronomie, depuis longtemps serait levé si l'on avait tenu compte de l'analogie.

Avec ce miroir fidèle on aurait vu les causes ; les ayant vues, l'on aurait agi conformément aux causes.

En voyant donc le fond des choses, par l'analogie, l'on aurait compris la vie intime des plantes, connu la terre, apprécié les climatures, et jugé les propriétés respectives des engrais ; et dès-lors l'on aurait agi d'après le pourquoi, en agronomie.

Le jour où l'on prendra l'analogie pour guide en culture, ce jour sera le commencement d'une ère de bonheur et de merveilles en végétation !

En attendant que la science, qui prend la peine de disséquer un polype et d'analyser le sperme d'un moucheron, tourne avec plus d'avantage pour l'humanité ses regards clairvoyants sur la nature des terrains, sur celle des plantes, sur les effets des engrais et des amendements naturels, et vulgarise d'une manière simple ces précieux secrets au profit de la misère, disons par analogie :

1° Les terrains glaiseux, froids et humides, ceux qui sont paresseux, exigent les engrais chauds comme les plus énergiques ;

2° Tandis que les sols riches, les sablonneux, les graveleux et les peu profonds en terre, demandent les engrais froids et les moins chargés de matières animales : comme les composts, les terreaux et les fumiers naturels, faits avec des végétaux quels qu'ils soient ;

3° L'enfouissement immédiat des engrais dans la terre est de rigueur, afin de prévenir la perte qu'occasionnerait la prompte volatilisation des sels qu'ils contiennent ; ou bien il faut avoir soin de couvrir les mottes de fumier bien convenablement avec de la terre, si l'on ne peut absolument les enfouir à mesure qu'elles sont faites : ce qui conviendrait pourtant bien mieux que d'attendre le moment de semer; car leur conversion en humus serait déjà faite lors de l'ensemencement, et, comme on le comprend, la germination serait autrement favorisée ! Mais, non : la stupidité aime mieux laisser le peu d'engrais qu'elle sait faire, tout un été, ou dans ses cours, quand même sa santé et celle des bestiaux s'en trouve très mal; ou dans les champs, divisés par fumetraux ou petits tas, exposés à l'air et à la chaleur ! N'est-on pas excusable, après ces anomalies, de céder à un juste ressentiment ?

4° S'abstenir d'épancher les fumiers lorsqu'il gèle ou givre ;

5° Fumer les prés après ou avant l'hiver, et profiter d'un temps pluvieux pour cela, au printemps surtout, en brisant et en étendant de suite l'engrais avec le râteau de bois.

6° La même loi qui prescrit l'alternance pour les récoltes l'exige aussi pour les engrais, puisque la nature est insatiable de modifications : de là le besoin de la terre de varier aussi ses aliments. Ainsi, nous dirons dans le chapitre *Engrais* ceux avec lesquels on ne doit pas amender le sol deux fois de suite.

7° C'est encore un tort que de laisser consommer la fermentation des mottes de fumier sans les couvrir par une bonne couche de terre; la vapeur qui s'échappe emporte la quintessence des matières en fermentation : qu'on y songe bien ! Qu'on fasse pourrir et fermenter le fumeterre et les vesces, au lieu de les enfouir en herbe, et l'on verra quelle différence de puissance en moins auront ces engrais.

CHAPITRE VI.

Engrais.

Si à notre proposition, qu'il ne doit point y avoir de mauvais terrain, il manque encore quelque chose pour la justifier pleinement, la démonstration de celle qui va suivre remplira cette condition : — *A moins d'être placé au milieu du désert de Sahara, partout ailleurs on doit trouver la quantité d'engrais nécessaire à la culture, la matière étant toute engrais!*

La matière est toute engrais, comme elle est toute animation et germe, parce que :

Tout ce qui compose le règne animal est engrais, à partir de la corne, le poil, la peau, les chairs, le sang et les os, jusqu'aux urines, etc.;

Tous les végétaux, quels qu'ils soient, sont engrais dans tout ce qui les compose;

L'humus ou terre végétale n'est qu'un engrais, ainsi que les marnes;

Les gypses, les craies, les pierres calcaires, deviennent engrais par la calcination;

L'alumine ou terre glaise devient engrais par son mélange avec la silice ou sable, de même que le sable par son mélange avec les terres compactes;

Les minerais étant frialisés, sont des engrais;

La brique, la tuile pulvérisées, sont des engrais, ainsi que tous les plâtras des démolitions, des décrépissages, et même des pisés;

Les coquillages de mer et autres sont engrais, étant calcinés;

Toutes les terres cuites, ainsi que les cendres, quelles qu'elles soient, et la suie, sont engrais;

Le quartz et le granit, par la trituration, feront de la terre, et de l'engrais par la calcination;

Les liquides, vineux et autres, ainsi que les sels, sont des engrais;

L'eau de puits la plus crue, en peu de temps, devient à l'air un engrais;

Si l'on remplissait un bassin de pierre de taille de cette eau, et qu'elle fût exposée à l'air libre, l'eau serait bien vite un engrais produit par les dépouilles des animalcules éphémères qui s'y développeraient par le repos du liquide : les degrés successifs de puanteur qu'acquerrait le liquide donneraient la mesure de la qualité de l'engrais. Ajoutons que la végétation viendrait aussi aider à composer l'engrais. Voilà comment tout est animation, germe et engrais ! comment, avec les circonstances favorables, se produiront de nouveaux types !...

CHAPITRE VII.

Première catégorie des Engrais.

Au nombre des engrais les plus puissants nous compterons :

1° La mouture des os de porc, qu'on ramasse avec le plus grand soin dans les environs de Thiers en Auvergne.

C'est avec cet engrais qu'on parvint à fertiliser la plaine alumineuse de Vollore, près de Thiers.

Puissante comme elle l'est, cette mouture d'os se dispense avec la main, en la semant comme le blé.

Elle se vend jusqu'à vingt francs les cent kilog.

La cupidité, qui corrompt tout, joint à cette poussière la mouture d'autres os qui valent la moitié moins.

Cet engrais est funeste aux colimaçons et à d'autres insectes.

2° Les copeaux et les rognures de corne de sabot de cheval ou de corne de bœuf.

Comme cet engrais est puissant et échauffant, c'est à tort qu'on l'emploie pour vignes et autres plantations ; sa place est sur les sols froids, et ne convient que pour les prés ou les terres.

3° Les tourteaux de chenevis, dont la puissance fécondante doit rendre parcimonieux leur épanchement qui doit aussi se faire avec la main, comme pour la poussière d'os et les copeaux ou râpures de corne.

Cet engrais est prodigieux pour les prés sur lesquels l'eau ne court pas, chose qu'il faut toujours éviter lorsqu'on a fumé une prairie, si l'on veut ne pas perdre le fruit des dépenses et du travail.

4° Egalement généreux, les tourteaux de colza réduits en poussière seront employés de la même façon pour terres comme pour prés, mais toujours au commencement du printemps.

Des habitants de la Provence viennent dans les environs de Lyon pour acheter ce qu'ils en trouvent au prix de seize francs les cent kilog., tant ils savent les apprécier pour leur garance !

5° Les tourteaux d'olivette, de noix, etc., sont aussi de puissants engrais.

6° Le sang, les chairs, les rapûres des peaux des chamoiseurs et des tanneurs, dont on doit faire des composts avec un mélange continuel ou alternatif de terre pour prévenir l'infection et pour augmenter la somme d'engrais, étonneront par leur puissance. Et, dans beaucoup d'endroits, l'incurie fait entraîner par les eaux ces précieux engrais ! Quand donc l'humanité, si pauvre qu'elle est, cessera-t-elle de jeter à la voirie ce qui vaut mieux que le métal qu'elle recherche avec tant d'avidité !

L'Espagne est tombée en guenilles et s'est affamée, pour avoir cru vivre avec de l'or !...

7° La poudrette ou matière fécale desséchée, qui doit être répandue aussi avec la main, en raison de sa puissance échauffante. Les jardiniers en tirent avantage, mais elle est excellente aussi pour prés et terres.

Mais, à propos de matière fécale, nous ne

passerons pas sous silence l'abus qu'on en fait dans la banlieue de Lyon, au détriment de ceux qui l'emploient et de la salubrité publique.

Nous nous hâterons donc de dire qu'avec la même quantité qu'on dépense de cet engrais on décuplera cette quantité si l'on fait des boutasses en plein champ, en creusant simplement et sans aucun béton pour y vider la matière qu'on fera absorber par de la terre, à mesure qu'on amènera de ce liquide.

Loin d'appauvrir cet engrais par ce moyen, tout en le décuplant, il sera meilleur. L'imbibition que fera la terre de cette matière en fixera les sels et les sucs qu'elle contient, pour ne les laisser échapper que par l'intus-susception des plantes; tandis qu'avec le mode routinier qu'on suit, on fait évaporer ce qu'il y a de plus substantiel dans cet engrais pour les plantes.

Qui pourrait dire au juste la perte des principes fécondants de cet engrais réduit à l'état gazeux par une longue fermentation, quand il est machinalement répandu sur un sol dur et bien souvent gelé ?

L'empestement de l'air sur le même champ, pendant plus de huit jours, ne fait-il pas deviner une perte immense de cet engrais ?

Dans l'intérêt de la santé publique, sinon de l'agriculture, l'autorité ne peut-elle pas faire intervenir son *veto* pour prévenir un empestement si prolongé ?

Cette considération n'est pas indigne de sa sollicitude ; d'ailleurs, la routine ne tarderait pas à lui en témoigner sa reconnaissance.

8° La drèche des brasseries, bonne pour terres comme pour prés.

9° Les débris de la chrysalide du ver à soie, mais dont il convient de faire un compost avec de la terre, pour prévenir l'infection en même temps que pour augmenter la somme d'engrais.

Un filateur de cocons, à St-Donat (Drôme), fait une centaine de tombereaux de compost toutes les années, en recevant dans une boutasse les débris des vers ainsi que l'eau des bassines, en jetant assez de terre pour l'imbibition de l'eau.

Sans ce moyen, ce filateur ne retirerait pas trois tombereaux de ces débris ; d'ailleurs l'entassement de ces débris produirait une infection insupportable et dangereuse, au lieu que la boutasse attenante à la filature ne laisse pas deviner à l'odorat ce qu'elle contient.

10° Les cendres des végétaux lessivées ou non sont excellentes pour la régénération des prés, et bonnes pour les terrains forts et froids. Les insectes les craignent aussi.

11° La suie, dont les propriétés sont les mêmes; brûlant comme les cendres, les mousses, les joncs, et toutes les herbes coriaces; et plus mauvaise encore pour les limaçons et même les rats, qui désertent à son approche.

12° Les cendres de houille et de gazon, qu'on peut épancher avec la pelle, sont, quoique très bonnes, moins puissantes que les autres cendres; comme les autres, elles affranchissent les sols gras ou forts, et rendent les pommes de terre plus farineuses.

13° La colombine de pigeonnier, qu'on doit encore répandre avec la main, en raison de sa puissance: les chanvres, voraces qu'ils sont, se trouvent bien de cet engrais, qui est aussi très bon sur les sols froids pour les céréales.

Sont généralement froids les sols glaiseux et forts, ou humides; et chauds ceux qui sont graveleux, sableux, caillouteux et peu profonds en terre.

14° La chaux et le plâtre, bons pour les prés

artificiels et autres, ainsi que pour les terres, et qu'on doit épancher aussi avec la main. Irritants de leur nature, ces engrais ne doivent pas amender deux fois de suite le même sol, surtout si le sol contient déjà des parties calcaires : épreuve facile à faire avec l'acide nitrique. On prend une poignée de terre de la surface et de plusieurs autres couches, jusqu'à la profondeur qu'on veut ou que le sol doit avoir, et l'on verse dessus de l'acide : si l'acide produit une effervescence, le sol a de la terre calcaire ; s'il ne la produit pas, le sol n'en contient point ; et dans ce dernier cas l'on fera bien d'amender pour longtemps, en chaulant tout de suite le sol par cent hectolitres de chaux pour un hectare.

CHAPITRE VIII.

Deuxième catégorie.

1° La fiente des volailles, généralement puissante, mais meilleure pour le chanvre et les jardins que pour les prés : il en faut peu pour fumer. Celle des oies doit être mélangée avec de la terre, ou plutôt on doit toujours les faire coucher dessus en en mettant dans leur réduit pour faire du compost qu'on portera sur les terres ; car cette matière brûle l'herbe des prés, surtout quand elle est pure : aussi les autres animaux ne pacagent pas sur les prés fréquentés par les oies, car ces prés les font rabougrir en peu de temps.

2° Le fumier de mouton, chaud et généreux plus que celui du cheval.

Une faute que l'on commet dans les pays où l'on fait parquer les moutons, c'est de ne pas piocher ou labourer de suite l'endroit d'où on les change, parce que la moindre averse emporte cet engrais globuleux et léger, au point qu'il arrive quelquefois qu'on ne remarque pas si le parcage a eu lieu. Pauvre routine! que fais-tu donc des faits?...

3° L'engrais de chèvre, semblable à celui du mouton, vivant tout comme lui.

4° Celui de cheval, assez puissant pour les chanvres et les colzas.

5° Celui de la race bouvine, moins chaud et moins puissant, mais peut-être seulement parce qu'elle est moins bien nourrie en son, en avoine : nous le pensons du moins, parce qu'il y a analogie d'aliments ou de manière de vivre.

6° Celui de porc, qui n'est bon qu'à faire naître de la traînasse dont il est friand. Le proverbe a raison de dire qu'il n'est utile qu'après sa mort.

Ainsi, cet engrais doit se corriger avec de la chaux, ou bien il faut en faire du compost exposé longtemps à l'action de l'air pour le modifier.

7° Celui des meutes, qui doit aussi être mélangé avec de la terre pour en faire du compost employé pour les terres ; car les bestiaux ont une répugnance pour les touffes d'herbes que produit cet engrais sur les endroits des prés où les chiens vont en général se débarrasser de leur superflu.

CHAPITRE IX.

Troisième catégorie.

1° La marne, dont le principe calcaire en fait un bon amendement ; seulement il ne faut pas marner un sol plusieurs fois de suite, car on neutraliserait l'effet qu'on est en droit d'en attendre par l'échauffement du sol.

2° Le fumeterre, qu'il faut enfouir sur plante dès qu'il a acquis son plein développement, ainsi que les vesces, la gesse et le lupin.

3° Les branches de buis, soit qu'on en fasse

litière, soit qu'on les fasse macérer sur les chemins vicinaux, ou qu'on les enfouisse vertes.

Le Pont-en-Royans (Isère) et un grand nombre d'autres pays n'ont pas d'autres engrais, à quelque chose près. On devrait seulement n'en guère mettre dans les vignes, vu qu'il est échauffant.

Que penser des habitants du côté d'Orgelet (Jura) et de tant d'autres pays qui souffrent de la pénurie des engrais, et qui ont en grande quantité de cet engrais naturel ?

4° Les genêts, qui, pouvant s'utiliser comme les buis, offriraient les plus grandes ressources dans les pays élevés et montagneux ; mais là, comme ailleurs, une ignorance innée les laisse se sécher sur plante. Les chèvres, les moutons, même les vaches, leur font pourtant voir tous les jours, en la mangeant, que cette plante est substantielle.

5° Toutes les feuilles, et notamment celles de noyer, enterrées telles ou employées pour litière. Celle de noyer est échauffante.

6° Les branches de sapin, de pin, et de tous les résineux, font un bon amendement, enterrées toutes vertes.

Certains habitants de St-Jean-en-Royans s'en servent pour les plantations et pour les ceps en hautins, en plaçant dans le trou des provins barbus, après une couche de terre, les extrémités des branches qu'on recouvre avec un peu de terre, puis des morceaux gros comme le bras ; et le cep, ainsi rationné, se développe avec vigueur et acquiert une grosseur peu commune.

7° Les marcs de raisin, qu'il convient de convertir en compost pour prévenir l'arrivée des insectes et des rats, qui viendraient prendre leur domicile sur le champ où on les répandrait tels quels. Bien que moins avides des marcs distillés, il faut tout de même les mélanger avec des terreaux si l'on veut éviter aussi la cristallisation de la potasse en feuilles, pour peu qu'ils restent entassés sans mélange.

8° Toutes les herbes, même les joncs, enfouis verts à la profondeur de seize centimètres ; excepté les gramens et les chardons, qu'il faut faire brûler : car ils font, comme les polypes, autant de sujets que de coupures faites.

9° Les fougères, les bruyères amenderont aussi les terres, enfouies toutes vertes, ou employées pour litière.

Les bruyères ameubliraient en même temps les terres pesantes, en les tenant soulevées pendant longtemps, vu la dureté de leur tige.

Mais que de pays encore où ces ressources surabondent, et dont les terres chôment des quatre années entières!... et plus, quelquefois.

N'est-ce pas l'aveugle avare, qui, pour profiter du pain gâté, laisse moisir le pain frais?

10° Enfin, tous les bois, broussailles, enfouis tels quels ou dans les sillons, ou par la bêche et la pioche, deviennent un amendement doux et durable, propre aux terres légères qu'ils n'échauffent pas, comme aux terres fortes qu'ils empêchent de se tasser.

Les plantations, même celles des vignes, ne devraient jamais avoir d'autres engrais, ou du gazon, ou de la terre végétale.

11° Tous les décombres et les plâtras, comme nous l'avons déjà dit, sont d'excellents amendements pour prés marécageux et terrains humides; et les décrépissages et décombres nombreux que l'on fait dans Lyon vont tout bonnement au remblais, lorsque les terrains de l'Hôtel-Dieu s'en trouveraient si bien!

12° Les boues ou terreaux, soit qu'ils proviennent des terres par les averses, ou du gravier et du sable pulvérisés par la fréquence du passage, sont bons pour les fonds légers et pour les prairies comme pour plantations.

Faisons remarquer, en passant, que, si des graviers et du sable quartzeux ou granitiques sont convertis en terre végétale par la trituration, nous avons dit vrai en disant qu'il n'y avait rien d'inerte; que d'une façon relative, et d'un autre côté, il est encore vrai qu'avec les circonstances voulues il y avait changement de forme et de puissance.

Ainsi, qu'au milieu de Sahara on établisse des moulins à vent pour triturer les sables, avec des pompes à feu pour humecter cette terre moulue, la vie renaîtra par la végétation au milieu du désert, malgré le Simoon, sans aucune semence préalable.

CHAPITRE X.

Quatrième catégorie. — Engrais composts.

Aide-toi, le Ciel t'aidera.

Dans ce qui nous reste à dire des engrais, nous pensons finir de prouver *à priori* que la bienveillante sollicitude de la PROVIDENCE a placé partout les moyens d'aider la terre à nous fournir au-delà de nos besoins.

1° Par l'amalgame successif de couches légères

de terre, de branchages, de broussailles, de feuilles et même de mousse, et sur chacune de ces couches une de chaux vive, l'on fera un engrais plus puissant que celui de litière, et apte pour toute culture.

Et, avec cent hectolitres de chaux, l'on fera une motte de cent tombereaux d'un mètre de compost, si le sol n'a point de terre calcaire.

Si le sol en contient, vingt-cinq hectolitres de chaux seront suffisants afin de pouvoir continuer cet amendement pour les mêmes terrains.

Une fois la motte faite, on l'arrosera pour provoquer la fusion de la chaux, qui par son effervescence décomposera bien vite les matières du compost, dont la base, un peu excavée par un évasement régulier, ne permettra point de perte, en cas d'averse.

2° A défaut de branchages, de broussailles et de genêts, etc., l'on peut également faire des composts avec le gazon des marais, des fossés, du chaume et de la chaux, comme il a été dit ci-dessus.

3° Dans les pays montagneux, où la chaux et le plâtre seraient rares, l'amalgame alternatif de couches de terre et de genêts, de bruyères et de branches de sapin, etc., suffira pour faire des composts, qu'il faudra tout de même arroser pour hâter la fermentation destinée à produire la conversion des combustibles en humus. Les urines ne seront jamais plus utiles qu'en les jetant sur ces mottes-composts, ainsi que les eaux d'évier.

Rien qu'avec des branches de pin et de la terre, nous avons fait faire des composts dont on a été satisfait.

Plus longs à exécuter, ces composts peuvent être faits en hiver, alors que le montagnard murmure contre ses loisirs.

Et puis, ces engrais peuvent se créer sur les lieux mêmes où ils seront employés; de sorte que le champ qu'on vient de moissonner peut fournir, avec le chaume, les herbes et la chaux, de quoi l'amender pour produire de suite du sarrazin, des raves, ou des pommes de terre tardives. C'est ce qui se fait en Belgique et autres pays du nord, où les terres ne chôment pas : heureux s'ils connaissaient toutes les ressources qu'offrent les plus simples combinaisons, pour créer des engrais partout et en quantité voulue!

C'est ce que nous allons finir de prouver dans ce qui suivra.

La côte de Cette à Narbonne souffre de la pénurie des engrais, tandis que ces plages fournissent des coquillages, de mauvais poissons, des algues, des étangs marécageux, couverts de grands joncs et autres herbes, ainsi que des steppes broussailleuses.

Que coûterait-il aux habitants pour utiliser ces trésors méconnus ou méprisés, en en faisant d'excellents engrais? Rien que la peine de les ramasser, et celle de construire un chaufour banal pour chaque localité.

Avec les broussailles, les joncs, les algues et autres herbes, ils feront cuire les coquillages, qui leur donneront une chaux d'autant plus puissante comme engrais, qu'elle aura du gluten contenu dans les coquillages encore frais (1).

---

(1) Tout le monde doit savoir que les coquillages marins et autres font de la bonne chaux hydraulique propre à bâtir, et meilleure que les autres chaux, pour engrais.

Avec la marne l'on peut, comme avec la chaux et le plâtre, faire toutes sortes de composts, ainsi qu'avec les craies calcinées ou converties en chaux.

Et, par une autre combinaison avec cette chaux, les broussailles, les joncs, etc., ainsi que les nombreux chardons qui couvrent certains sols, seront convertis en composts dans lesquels on peut, comme cela devrait être, jeter tous les mauvais poissons, les coquillages vivants. Ainsi faits, ces composts seraient un des plus puissants engrais connus.

De là les moyens de créer des prairies de tous genres, pour nourrir toutes sortes de bestiaux dont ces pays ont tant besoin!...

Avec cette condition, ce pays deviendrait un véritable Eden.

Mais, non!... il faut que, affamée à côté de l'abondance, l'ineptie accuse la Providence d'inattention et même d'insouciance!... Continuons, pour relever la routine de cette impiété.

CHAPITRE XI.

Cinquième catégorie. — Composts calcinés.

Les pierres comme les terres deviennent des engrais par la calcination, ainsi que tous les végétaux, etc.

Comme cette vérité est du nombre de celles qu'il suffit d'énoncer pour être admise, il en résulte qu'avec les végétaux des côtes maritimes, au défaut de chaufour, l'on peut brûler beaucoup de gazon et de la terre, qui, avec les combustibles, produiront telle quantité d'engrais qu'il faudra pour créer des prairiès et pour amender les terres. On ne peut juger de la puissance des cendres qui proviennent des végétaux, de la terre, ou des pierres, que par l'expérience : avec ces engrais, les plantes voraces des terres disparaissent, et les joncs, les autres plantes coriaces, ainsi que la mousse des marais, font bien vite place aux meilleurs herbages connus. C'est surtout dans ces cas-là que l'esprit observateur pourra remarquer les transformations, qui lui feront comprendre qu'il n'y a pas que l'homme qui ne soit que ce que le font les circonstances.

Un autre avantage qui résulte de l'engrais cendreux, c'est l'affranchissement des terres fortes et sauvages : de là, l'amélioration des grains, celle des pommes de terre et des fruits.

S'il est vrai, ainsi que nous l'affirmons, que, même sur les côtes qui paraissent dépourvues de matériaux, on en rencontrera pourtant ce qu'il faut quand on voudra; avec bien plus de facilité l'on trouvera cette abondance dans les pays boisés et les pays de plaine, cultivés; car les plaines trouveront de la tourbe, du chaume, des broussailles, des feuilles, des herbes de sarclage, du gazon et de la marne pour les composts calcinés. Ainsi que les composts-fumiers, ceux-ci peuvent se faire sur les lieux mêmes qu'ils devront régénérer.

La calcination des terres est facile à exécuter :

Après avoir entassé sur plusieurs points les combustibles, dans lesquels plusieurs gros morceaux sont nécessaires pour prévenir par leur résistance l'affaissement des gazons ou de la terre avant une complète combustion, l'on place sur les combustibles les gazons, la terre, en conservant la forme conique; et, après que le soleil aura bien desséché les terres du fourneau, l'on mettra le feu quand le vent soufflera bien. Au défaut de gros morceaux de bois, quelques pierres ou tuiles arrangées convenablement préviendront l'étouffement du feu.

Mais, pour que la calcination soit complète, il faut de légères couches de combustibles entre les gazons ou les terres, successivement.

Lorsqu'on a du gazon, il faut toujours tourner la pelouse du côté du foyer.

La calcination de la terre se fait encore d'une manière bien simple dans quelques pays de l'Isère, ce qu'on désigne par le mot *commuage*.

Il s'agit tout simplement de commencer à mettre le feu à un petit tas mélangé d'herbes, de chaume et de terre, et de l'augmenter à mesure que la combustion s'opère.

Dans les montagnes de l'Auvergne, du Velay et du Forez, l'on obtient plusieurs bonnes récoltes par l'essartement des sols en friche : l'essartement consiste à couper la surface avec la pioche, à la profondeur de cinq centimètres à peu près, en faisant des gazons allongés que l'on replie en cercle pour les faire sécher, en tournant le dessous au soleil : étant secs, on les amoncelle sur une ou plusieurs brassées de genêts ou de bruyères, etc., pour les faire brûler quand le vent ou la bise souffle, selon le côté du fournelet. Si les fourneaux étaient plus grands, la chaleur serait beaucoup plus forte, et la consomption se ferait mieux (1).

---

(1) Devant autant que possible fermer la porte aux malheureux sophistes qui auraient éternisé les maux

Mais ce qui frappe encore ici, c'est qu'en présence des bons résultats que donne cet amendement, les hommes, qui en profitent seulement quand ils font des essarts, n'aient pas encore compris la valeur des cendres : eux qui pourraient en faire des montagnes, à temps

---

de l'humanité si la vérité, cette fille du Ciel, ne les avait refoulés dans l'antre ténébreux d'où ils étaient sortis, nous ferons encore remarquer, à propos des essarts, que le principe de vie est impérissable et qu'il ne faut que le concours de circonstances favorables pour faire développer d'autres formes, ou pour reproduire les mêmes faits lorsque les causes qui les avaient produits reviennent.

Ainsi, après trois, quatre, dix, vingt ans de culture du sol essarté et brûlé, les genêts, les fougères reparaissent plus vigoureux que jamais, aussitôt que le sol est remis en friche.

Après trente ans de culture d'un sol boisé, défriché jusque dans les racines, et très éloigné des bois, les pins reparurent, épais à se toucher, sur ce même sol, à la deuxième année de chômage. Le propriétaire voyant cela, a laissé la nature reprendre ses droits.

perdu , avec les genêts , les bruyères , les mousses , les myrtilles , sans se servir de bois , pour régénérer les pâturages rabougris et marécageux , ainsi que beaucoup de leurs prés , comme nous l'avons remarqué partout.

Là encore, l'heure d'étudier la marche de la nature n'est pas sonnée! espérons qu'elle ne tardera pas, quand l'expérience aura prouvé que les meilleurs engrais sont les composts calcinés.

Pouvons-nous ajouter, en terminant, sur les engrais, que nous avons dit vrai en disant que *la matière est toute engrais, et qu'il ne doit point y avoir de mauvais terrain ?* On le jugera.

Du moins nous aurons justifié la Providence contre les accusations de l'ignorance.

Affirmons, en outre, que le jour où l'on mettra à exécution ce que nous avons avancé dans les chapitres *sur les engrais*, sera le premier de la régénération de l'agriculture.

CHAPITRE XII.

Post-Scriptum. — Composts par liquides.

Nous n'aurions pas manqué de placer dans la première catégorie des *Engrais* les urines, les eaux d'évier et surtout l'urine de vache, si nous ne devions parler de celle-ci dans l'article *Etables*, et si les urines et les eaux ménagères n'avaient été inutilisées, motif qui demandait des réflexions à part.

Les urines et les eaux ménagères, simplement imbibées avec de la terre, pouvant faire en quantité d'excellents composts, l'on demande s'il n'est pas affligeant de voir jeter à la voirie de tels amendements, et si l'infection qui en est la juste conséquence n'est pas une punition de Dieu, par laquelle il nous apprend que ces choses ont une tout autre destination.

De ces réflexions, qui valent la peine d'être examinées, découle celle qui suit :

Si, par le moyen de baquets couverts et pratiqués dans les cours, au coin des rues, et dans les impasses, on dispensait les passants de répandre leur superflu sur les places et dans les allées, au grand détriment de la pudeur, et que les eaux d'évier arrivassent aussi dans ces réservoirs boisés au lieu d'aller avec les urines dans les rues, pour convertir les cités en cloaques dangereux dont les émanations blémissent le teint de l'enfance et de l'intéressante compagne de l'homme : eh bien !

Cinq cent mille tonneaux au moins sortiraient de la ville de Lyon chaque année, en vidant lesdits baquets tous les matins ;

Et quand chaque tonneau de ces liquides, mélangés avec de la terre dans des boutasses, ne produirait qu'un tombereau d'un mètre d'excellent compost, ce seraient cinq ou six cent mille mètres d'engrais trouvés en faveur de l'humanité. Et si à cette perte vous adjoignez celle que nous avons signalée pour la matière fécale, vous trouverez au moins un million de tomberaux d'excellents amendements, perdus en pure perte.

Pourtant, avec cela, on rendrait très fertiles dix mille hectares du plus mauvais sol ; car on donnerait cent mètres d'engrais pour un hectare ! Et la première condition de salubrité serait remplie ! et l'Administration ne tarderait pas à retirer de ces liquides cinquante mille francs par an, en même temps qu'elle y trouverait la reconnaissance publique.

D'une autre manière, ces liquides mélangés avec les cendres de poêle, le tan et la sciure de bois, feraient de la poudrette excellente, par la fixation immédiate des sels contenus dans le liquide avec les cendres, etc. : avantage qui ne peut exister dans la poudrette ordinaire, qui n'est obtenue que par le dessèchement de la matière fécale.

Avant de passer à la seconde partie, nous allons essayer d'appuyer encore nos principaux axiomes par des corollaires.

CHAPITRE XIII.

Corollaires.

A ce qui a été dit pour la confirmation de nos propositions générales nous ajouterons les corollaires suivants, pour achever de leur donner le cachet de principes irrécusables, et les sauve-garder contre la routine et contre l'empirisme, ces deux fléaux du genre humain.

Nous commencerons en sens inverse leur énumération. Et d'abord :

L'ignorance et l'impiété peuvent-elles taxer

encore la Providence de partialité, d'imprévoyance ou d'impuissance, alors qu'il est constant que sur les plages des mers, sur les montagnes habitables, dans les vallées comme dans les plaines, les engrais seront assez abondants pour fertiliser la terre partout, quand les hommes le voudront ?

Donc, il est vrai que l'homme est affamé au sein de l'abondance.

Troisièmement :

Le ciel et la position topographique de la côte de Cette jusqu'à Narbonne feront de ces contrées un véritable Eden, quand leurs habitants, avec les richesses qu'ils ont sous la main, auront créé des prairies et boisé ce qui doit l'être.

Avec ces conditions, et à ce que nous avons dit qu'ils auraient, ajoutez une température plus tempérée, et la pluie bien plus fréquente : alors ce pays deviendrait donc un paradis terrestre !

Quatrièmement :

En faisant un précepte de l'alternance pour les récoltes et pour les amendements, nous établissons un besoin que la loi de l'harmonie exige impérieusement :

En variant l'on modifie, en modifiant l'on imite la nature qui, ne transigeant jamais, annihilera toujours les efforts tentés contrairement à ses principes comme à ses vues.

Donc, l'alternance dans tout doit être la base de l'agronomie.

Cinquièmement :

Ayant démontré *à priori* qu'à partir du granit jusqu'à l'eau la plus crue, tout est engrais ou peut le devenir par les plus simples combinaisons faciles à faire en tout lieu, nous pouvons dire :

Donc, *la matière est toute engrais !*

Sixièmement :

De la preuve irrécusable de cet axiome résulte la même preuve pour celui qui n'admet point de mauvais terrain, quand on est tant soit peu agronome.

Donc, il est vrai qu'il ne doit point y avoir de mauvais terrain.

Septièmement :

Soutenir que le créé, quant à la forme, est le terme de rigueur, c'est n'avoir pas l'ombre de connaissance de l'harmonie ; c'est aussi ravaler Dieu, en mettant des limites à sa puissance ; c'est faire de ce qui est, une nécessité. D'ailleurs l'harmonie cesserait d'exister le jour où cesseraient les modifications de la forme, qui cependant sont partout incessantes pour tout ce qui existe. Voilà pourquoi rien ne se ressemble dans la nature, pas même dans les mêmes races, les mêmes espèces, ni les mêmes familles, pas plus moralement que physiquement ; voilà encore pourquoi rien, absolument rien, ne reste un seul instant dans le même état, pas plus les soleils que les planètes, leurs habitants, leurs animaux, leurs végétaux, leurs minéraux, leurs continents et leurs mers !

Or, comme on le voit, l'harmonie, pour exister, ne peut avoir des bornes. Et comme ce qui constitue l'harmonie aujourd'hui, ne pourrait la constituer encore demain, car il y aurait monotonie ; que, d'ailleurs, il en est de l'harmonie comme de tout ce qui existe, qu'elle a quatre phases ; il suit forcément que, pour être ce qu'elle est, continue, des types inconnus apparaîtront toujours dans les changements de phases de la nature. Ces phases sont l'enfance, la virilité, la maturité et la vieillesse des planètes, comme de tout ce qui vit.

Donc, avec les circonstances qu'amèneront ces phases diverses, des formes ou types nouveaux apparaîtront : c'est, répétons-le, la condition *sine qua non* de l'existence de l'harmonie continue.

Donc la terre produira des êtres nouveaux, qui n'attendent pour apparaître que l'arrivée de circonstances favorables.

Le jour n'est pas plus clair que ces pronostics; car, s'il n'en était pas ainsi, l'on devrait nier jusqu'à sa propre existence.

Les efforts du plus célèbre zoologiste, *Cuvier*, pas plus que ceux des autres naturalistes, n'ont pu découvrir l'homme fossile; tandis que la terre est remplie d'ossements attestant une création anté-diluvienne, dont les types géants ont disparu : l'étrangeté de leur forme ne prouve-t-elle pas encore que, lors de leur organisation, notre globe en était à sa première phase ?

De la continuité des modifications qu'exige l'harmonie universelle, résulte la progression qui devait arriver jusqu'à l'homme, dont l'esprit progressera infailliblement jusqu'à établir l'harmonie morale sur la terre, et ainsi jusqu'à revêtir la forme angélique, qui elle-même n'est que le premier terme de forme dans la hiérarchie des esprits célestes. Oui! tel est l'ordre que Dieu imposa à la nature entière, *ordre qui donne à sa puissance le caractère de l'infini*: que l'homme donc l'honore et le bénisse!

Huitièmement :

Si ce que nous avons dit de l'étrange végétation du marais amendé, de la réapparition des genêts, des fougères et des pins, après de longues années, sur les points d'où on les avait extirpés; avec la végétation spontanée qui se manifeste sur les sols de corail, sitôt qu'ils sont sortis des profondeurs de l'Océan pour atteindre sa surface ; si, disons-nous, tous ces faits n'établissaient pas assez l'impérissabilité des germes, il suffit d'un mot pour la prouver :

L'indestructibilité des germes, forme à part, est la condition *sine qua non* de l'animation.

La forme est l'accessoire utile pour le sublime panorama variable et varié de la nature.

Donc, les germes sont impérissables.

Neuvièmement :

A mesure que nous avons pris en considération les faits accomplis, et d'autre part la conséquence logique résultant de l'observation exacte que nous venons de faire de l'harmonie, l'unité de germe nous a paru trop évidente pour hésiter à la proclamer. Car la loi de l'harmonie, — la variété, — étant et devant être illimitée dans ses effets, il faut que la matière soit modifiable à l'infini pour se prêter aux combinaisons sans limites de la variété, lors même que la matière se composerait, non pas simplement des cinquante et tant de principes qu'admet la chimie, mais même d'un milliard de principes ou germes.

Pour expliquer la pluralité des germes ou principes, il faut nécessairement illimiter leur nombre.

Mais cette hypothèse implique tout de suite le désordre, par le combat incessant de tous ces germes intéressés à s'entre-détruire ou à se gêner, pour se développer mutuellement : ce serait le chaos ; tandis que l'ordre résulte de l'unité de germe ou principe modifiable à l'infini, selon que l'harmonie en a besoin.

Dans ce cas, point de combat, point de désordre pour la production de types nouveaux, qui se développent sans effort lorsque les circonstances convenables le permettent, pour la continuité de l'harmonie.

Voilà donc qu'à la marche des faits passés et présents vient encore se joindre la condition de sagesse, pour prouver l'unité de germe dans toute la nature ! Et Dieu ne pouvait faillir à cette condition.

Bien que les esprits réfléchis pussent admettre cette proposition d'après le peu que nous avons dit pour sa confirmation, d'autres réflexions doivent encore l'étayer, vu la portée immense qu'elle acquiert, selon nous, en devenant la clef de la porte d'airain du temple où la nature cache ses secrets.

Prouvons donc que l'unité existe non-seulement dans les lois fondamentales de la nature, mais encore dans les lois secondaires qui ne sont que des corollaires de celles-là. Ainsi :

De l'incontestable unité du temps découlent les divisions, en époques, des globes; en âges, du monde; en ères religieuses, en siècles, en années, en mois, en jours, en heures, en minutes, en secondes, bi-secondes, tri-secondes, quatri-secondes, quinti-secondes, dont le simple chiffre de neuf cent quatre-vingts dans la minute; établit déjà pour nous l'infini, n'étant pas en notre pouvoir de caractériser d'aussi petits intervalles autrement que par l'esprit : *l'éternité, c'est l'unité du temps;* et pourtant, l'éternité n'est qu'une succession incessante d'intervalles autrement plus petits que les quinti-secondes!

Ainsi, des intervalles insaisissables pour nous, font l'éternité.

Aussi incontestable que celle du temps, l'unité mathématique, qui n'est que l'extrémité d'une ligne, encore plus vite que la division du temps; produit pour nous l'infini : il suffit de modifier l'unité, en la nombrant jusqu'à vingt.

Encore, pour se rendre compte du résultat de cette énumération pendant laquelle l'esprit se confond, il faut traduire ce chiffre écrasant par des mots écrits qui, en le divisant, le rendent appréciable.

C'est pourtant de l'extrémité d'un point que découle, par les modifications sans terme auxquelles se prête encore l'unité mathématique, l'ordre puissamment infini qui maintient l'équilibre de mondes sans fin !

Mais puisqu'un simple point d'abord devient une puissance infinie, a-t-il fallu autre chose à l'*Eternel* que sa simple volonté pour créer tout ce qui est ? Sa parole a suffi pour être le point-germe (1). Et puisqu'une simple abstraction peut se modifier à l'infini, et produire par ses modifications des résultats sans terme, il est prouvé *à priori* qu'à la nature entière Dieu ne donna qu'un seul principe-germe, duquel peuvent découler toutes les modifications pour la variété infinie dont l'harmonie a besoin pour exister.

La vie est aussi une simple unité modifiée à l'infini pour nous, rien que sur notre globe,

---

(1) On comprend que la parole de Dieu a été suffisante pour la création quand, décomposant la masse, l'on arrive à des termes qui se rapprochent du rien ; termes qui, pourtant, composent la masse et les lois qui la régissent. *Le tout fait l'unité, comme l'unité fait le tout !*

sans parler de son atmosphère que l'analogie nous montre aussi pleine d'animation, et mieux encore l'harmonie, qui ne peut admettre des intervalles vides.

Le mouvement n'est lui-même qu'une unité qui produit aussi l'infini, par les modifications qu'exige encore l'harmonie; il fait mouvoir tous les mondes, et jusqu'aux animalcules. Il en est de même de la lumière, de la forme, de la couleur, de la pensée, de l'harmonie naturelle, de l'harmonie du son, du feu, de l'air, du vent, de l'eau et de la terre, etc.

Enfin, puisque l'analogie nous a contraint de formuler l'unité-germe, osons encore par elle nommer cette unité : *germe*, ou *principe*. Eh bien !... cette unité, c'est la *lumière!*

Avant de donner raison à ce dernier axiome, nous ferons une réflexion pour établir qu'il y eut unité de temps et de volonté dans la création.

Ainsi, malgré tout le respect que peut commander le législateur hébreu, nous ne pouvons être d'accord avec lui que sur le fond de la création. Car, toute sublime qu'est sa narration, elle n'en implique pas moins contradiction envers le grand Jehovah, et par le temps et par les modes qu'il lui fait employer dans ce grand œuvre.

Nous disons donc que l'unité de temps, de volonté et d'action étant beaucoup plus digne et suffisante à Dieu pour la création, il est bien plus logique et plus honorable pour le grand Maître de la nature de penser qu'il lui suffit alors d'exprimer sa pensée, et de dire simplement :

QUE LA LUMIÈRE SOIT, AINSI QUE TOUS LES MONDES QUE JE METS DANS SON SEIN, QU'ELLE HARMONISERA PAR L'ANIMATION ET LA VARIÉTÉ SANS TERME DANS LA FORME COMME DANS LA COULEUR !

Et la lumière fut, ainsi que tous les mondes qui roulent dans l'espace, ainsi que l'harmonie d'une animation sans terme dans la forme comme dans la couleur (1) !

---

(1) Frappé, après coup, du rhythme mathématique qui ressort de la parole de la création, cette ré-

Ainsi, comme on le voit, l'unité ressort donc de la création même! Oui! de même que le

---

flexion en a fait surgir d'autres que voici : premièrement, les attributs de Dieu ressortent dans toute leur vérité.—Un casuiste peut dire : *la Trinité.*

Il veut! et soudain sa *Puissance* traduit en hauts faits sa *Pensée*, que règle sa *Sagesse !*

Et de sa volonté ressortent six sujets, qu'il place dans un seul! Chaque sujet contient six émissions de voix dans la formule qui les fait naître. Voici ces six sujets : LUMIÈRE, MONDE, ESPACE, VIE, FORME et COULEUR.

Tout cela ressemble fort aux six jours de travail qu'employa *Jehovah* pour la création, comme l'ont dit Moïse et d'autres écrivains cosmogoniques !....— Ne pourrait-il pas avoir mal rendu la révélation, et avoir pris les six sujets pour six jours de travail ?

On remarquera que le même rhythme existe aussi dans la formule de l'accomplissement de l'ordre de Dieu pour la création, de même que l'*antithèse versifiée* que forment les six sujets par leur énonciation : antithèse grande comme le monde, dont elle est l'image !

nom de l'unité-germe est *lumière!* On va en juger :

De la conversion en gaz de la houille, des résines, etc., sort la lumière : comme elle est dans tous les corps sous une forme latente, tous les corps la produisent par l'action de la chaleur ou du calorique, fluide qui n'est lui-même qu'une modification de la lumière.

De la décomposition et de la fermentation des corps organisés, comme des plantes, sort la lumière bleuâtre ou punchée qui épouvante encore le vulgaire sur les cimetières et dans les bois, après la pluie, dans les nuits d'été. Que de bien innocentes souches de fayard ont passé pour des faiseurs de sabbat!

Les liquides, les huiles, les graisses, les fruits, les céréales, etc., etc., donnent beaucoup de lumière.

Le sauvage l'obtient par le frottement de deux morceaux de bois, tout comme elle se produit par le frottement du fer contre le fer, par celui du grès contre le grès.

Il n'y a plus qu'une zône lumineuse dans le tambour de deux meules, aussitôt qu'elles sont dégrenées.

Deux meules de glace produiraient le même effet, puisque du frottement rapide de la glace jaillit la lumière.

On convertirait en une colonne lumineuse la colonne d'eau qu'on ferait descendre par un chenal de moulin à rouet, si ce chenal avait un kilomètre de longueur.

Fatiguées de rester dans les souterrains obscurs de la terre, les pyrites trop chargées de lumière, pour satisfaire aux lois de l'équilibre, brisent et emportent dans les airs des pans de montagnes tout entiers.

Le diamant et surtout la phlogite ne sont que de la lumière fixe presque pure, ainsi que le bois-de-lumière, dont les émanations s'embrasent à l'approche d'une bougie allumée.

Ajoutons qu'à leur insu les hommes n'ont suivi que la révélation, lorsque, pour caractériser un esprit ou un génie qui se distingue éminemment du commun, ils ont appelé cet esprit un flambeau ou une lumière.

L'esprit ne serait-il pas, par cela même, de la lumière rectifiée ? C'est notre idée.

Pensant que ces réflexions doivent suffire

pour la démonstration de la proposition, nous sera-t-il permis de conclure en disant :

Le nom de l'unité-germe est donc *lumière* ? Nous le pensons..., comme nous pensons que la science ne tardera pas à le mieux prouver que nous. Donc la *lumière* est l'unité-germe de toute la nature, puisqu'elle est dans toutes les formes de la matière.

C'est, répéterons-nous, ce que la chimie établira bientôt en sa faveur : car, alors, elle sera dispensée de supposer des intermédiaires pour les phénomènes qui viennent toujours l'embarrasser, et qu'elle ne peut expliquer explicitement; et le vœu des penseurs qui ont désiré que l'entendement humain fût refait, commencera à se réaliser.

Dixièmement, et enfin :

Cette première proposition étant du nombre de celles qu'il suffit d'énoncer pour être prouvées, nous dirons seulement :

Que doit-on attendre de la terre, maintenant qu'il est prouvé qu'elle est toute engrais, si l'on utilise de telles ressources et si on la cultive d'après les modes que nous indiquons, avec la réunion des forces qu'exclut l'isolement et dont l'unité d'ordre réglerait les mouvements et l'emploi ?

Des merveilles inconnues en végétation!... le bonheur de tous, par la richesse des vrais biens pour tous ; l'extinction de l'épouvantable paupérisme, dont bientôt les entrailles vides peuvent faire dévorer ceux qui les ont pleines, si la société ne tient pas compte du sort des nations qui ont cru trouver le bonheur dans le mercantilisme et la possession de l'or, en méprisant les véritables richesses qne la Providence a placées dans le sein de la terre, pour tout le temps que l'espèce humaine et les autres ont à l'habiter !

Où sont les nations opulentes par leur or entassé au moyen d'un trafic de juif? à peine connaît-on la place des Tyriens, des Phéniciens, des Carthaginois !

Les Romains, qui commandaient le monde, ne tombèrent aussi que parce qu'ils se crurent riches avec l'or spolié aux peuples d'Asie.

Et c'est au moment où la fastueuse Espagne rêve la monarchie universelle, par les monceaux d'or soustraits et teints du sang des malheureux Incas, qu'elle tombe dans les haillons et la famine!

Le colosse anglican râle déjà sous le poids de ses prétendues richesses!... c'est bien en vain que son canon homicide fait le tour du monde, pour prévenir la suffocation prochaine qui le menace... Il n'a qu'un moyen pour se sauver, c'est de se faire agriculteur, de rendre utiles ses parcs dispendieux, et de labourer avec la charrue ses possessions, au lieu de les labourer par le boulet...

Donc les richesses qui sont seules capables de rendre l'homme heureux, sont celles de la terre.

FIN DE LA PREMIÈRE PARTIE.

SECONDE PARTIE.

CHAPITRE Ier.

Etables et Ecuries.

> Mère de la salubrité, la propreté est une condition de santé.

Comme la routine paye bien cher son inhabileté à comprendre la salubrité, essayons encore de faire disparaître ce défaut, sans nous arrêter à signaler les vices des étables et des écuries, qui sont si mal construites, qu'on ne peut concevoir comment les bestiaux peuvent y vivre seulement six mois bien portants ! Or, disons : le planchéiage, avec des plateaux, des étables et des écuries, en y joignant une pente douce de la crèche aux pieds et une rigole évasée et peu profonde au milieu de deux rangs de bestiaux, remplira la première condition de santé et d'aisance pour leur repos, alors même que la litière serait mince. Car la litière n'est pas connue dans beaucoup de jaceries ou fromageries des montagnes du Forez et de l'Auvergne : cependant les bestiaux sont propres et robustes, parce que, ainsi faites, les étables sont faciles à tenir propres et sèches.

Avec un râble ou une pelle de bois l'on amène ou l'on pousse la bouse dans la rigole, qui, nettoyée par l'eau matin et soir, achève de rendre propres ces étables.

Mais, quand on a de quoi faire litière, il faut pratiquer des grilles dans les rigoles pour laisser écouler les urines dans une autre rigole placée sous la première, et la prolonger jusqu'à la boutasse destinée à recevoir les urines, que l'on fera imbiber par de la terre, pour former d'excellents composts qui rendront autant que les fumiers : par ce moyen l'on préviendra et l'humidité dans les étables et la perte presque totale des urines, qui, par la fermentation des fumiers et leur dessèchement, se résolvent en vapeurs.

Les briques-plottets remplaceront le bois, pour ceux qui auront besoin d'aller économiquement; elles sont saines aussi, comme toutes les choses cuites.

Comme les appartements, les écuries et les étables veulent être bien aérées : aussi, lorsque cette condition ne peut être bien remplie, il faut faire un ventilateur avec des planches ou briques placées dans l'écurie, dont la base, élevée d'un mètre au-dessus du niveau du sol des étables, devra s'élever au-dessus de la toiture, afin que l'air respiré s'échappe facilement.— Nous avons vu des écuries où, par le défaut de raréfaction de l'air pur, il n'était pas possible d'y rester dix minutes : aussi ces endroits sont le tombeau des chevaux, telles que certaines écuries à Givors et à Rive-de-Gier.

Comme le service d'une étable considérable prendrait beaucoup de temps pour donner les rations à bras, il faut ménager des trappes au plancher pour faire arriver les fourrages dans les râteliers. D'ailleurs on préviendra, par là, les inévitables accidents du transport à bras dans les mangeoires ; car la vache la plus bénigne ainsi que le cheval le plus doux peuvent (et cela arrrive par leur empressement à saisir le fourrage) faire du mal au servant, sans le vouloir.

A propos de fourrages, nous dirons qu'il faut les asperger de temps à autre avec de la saumure. C'est la première condition pour rétablir l'appétit des bestiaux, et le meilleur moyen de les engraisser, même avec de la simple pâture, tout en prévenant les maladies : de la paille saumurée sera choisie, de préférence au meilleur foin, par tous les bestiaux.

Faites tout comme les étables, les écuries auront des séparations volantes en planches, pour prévenir les accidents coûteux que produisent les ruades des chevaux et des mulets entre eux. Dans aucun cas, les fumiers ne doivent séjourner dans les étables et écuries; et indépendamment de ce que nous avons dit déjà, des fumigations de genièvre ou d'autres plantes aromatiques brûlées dans les étables, etc., sont indispensables de temps à autre.

Un feu de paille ou de sarment produira aussi le meilleur effet.

Une bête malade doit être séparée des autres jusqu'après sa guérison. Tout comme la chevaline, l'espèce bouvine doit être bouchonnée et séchée lorsqu'elle est crottée, mouillée ou suante de fatigue; et même couverte, dans les deux derniers cas.

Les vaches à lait, pas plus que les moutons, ne devraient aller paître par une pluie d'automne ou de printemps.

Les étableaux des porcs, les chenils des meutes, l'établon des oies et les juchoirs des volailles doivent être éloignés des écuries et des étables ; car la proximité de ces animanx est nuisible, ainsi que leur fumier, aux chevaux comme aux vaches : la fiente de cochon produit le farcin.

Au nom de l'analogie, qu'on sache séparer ce que sépare la nature.

Avec ces conditions bien simples, l'on aura des bestiaux propres, robustes, et l'on préviendra de grandes pertes.

Les crèches ou mangeoires doivent être scrupuleusement nettoyées, et ne doivent avoir que la hauteur nécessaire pour que les bestiaux ne soient pas obligés de lever ni de courber la tête en mangeant.

CHAPITRE II.

Granges.

Sauvez l'homme du loisir, si vous voulez qu'il se sauve !

Comme le blé en gerbiers coniques bien faits, ainsi que le fourrage en meules également coniques, se conserve aussi bien qu'entre les murs d'une grange étouffée, quand ils sont convenablement recouverts avec de la paille, il n'est pas besoin de construire des granges dispendieuses pour recevoir les produits d'une grande propriété.

Il suffit que la grange puisse recevoir une certaine quantité de fourrage et de paille pour être dispensé d'aller chercher ces objets en détail sur les meules, qui, ne devant pas rester entamées en plein air, doivent être transportées les unes après les autres tout entières dans la grange, et ainsi des gerbiers, pour les battre pendant l'hiver, alors qu'on ne peut travailler dans les champs.

Nous demanderons, à cet égard, à la routine ce qu'elle peut gagner à perdre plusieurs mois de l'été pour battre le blé à la rigueur du soleil, augmentée bien souvent par la réflexion que produisent les murs qui entourent l'aire, au point d'occasionner des morts subites, comme nous l'avons malheureusement vu plusieurs fois; et l'on passe ensuite l'hiver presque tous les jours dans les cabarets, se livrant à la débauche afin d'occuper ses loisirs!

La construction d'une aire en plateaux sous un simple hangar, en permettant de battre les grains en hiver, rendrait d'éminents services dans beaucoup de pays. Qu'on y songe bien: que de pauvres familles souffrent des loisirs du chef de la maison en hiver! Poussé par le besoin de s'occuper pour se distraire, les cartes lui emportent en quinze jours le fruit de toute la saison; ajoutez à cela, qu'en se démoralisant il démoralise aussi ses pauvres enfants, car le besoin est le père de la démoralisation!

Plus sages et mieux avisés de ce côté-là, les montagnards travaillent leurs biens en été, pour en battre les grains alors qu'ils ne peuvent faire autre chose : seulement, leurs aires placées dans les granges écervellent les bestiaux et les abîment, par la poussière que le battage en grange fait tomber sur eux. Un autre grand défaut des granges, dans les pays montagneux surtout, c'est de n'être pas assez aérées. De là la moisissure des fourrages, que des circonstances pressantes font remiser humides ou mal secs ; de là quelquefois aussi une fermentation incendiaire ! O incurie routinière ! t'excéderas-tu toujours pour obtenir ce que tu laisses gâter, faute de la moindre observation ?

CHAPITRE III.

Prairies.

> Quiconque ne fera pas entrer les prairies en première ligne, n'aura jamais d'usufruits abondants.

Après le défoncement du sol qu'on veut convertir en pré, il faut préalablement y semer une fois de l'avoine, dont le propre est d'aider à l'apradissement.

Les prairies sont toujours mieux, comme on le sait, dans les situations basses.

Avec le sainfoin, ou graines de bon foin, et une espèce de zizanie ou ivraie d'Italie, l'on fera des prairies naturelles qu'il sera facile d'enrichir de toutes sortes de bonnes plantes, rien qu'avec des composts calcinés, qu'on peut facilement faire partout, comme nous l'avons dit.

Ce n'est pas que les composts par la chaux, et les naturels par simple décomposition, ne soient bons, sans valoir les autres, surtout pour prairies : aussi, au défaut de ceux-là, ceux-ci pourront s'employer utilement.

Il importe d'autant plus d'augmenter et de bonifier les prairies, qu'elles sont la première condition de richesse pour l'agriculture, condition qui ne pouvait échapper aux auteurs de la brochure intitulée *la Ruche*, remplie de justes appréciations sur les rendements et l'application.

Le principe est aussi juste que simple :

Avec beaucoup de fourrages, on peut avoir beaucoup de bestiaux ; avec beaucoup de bestiaux, qui donnent toujours les meilleurs revenus, on aura beaucoup d'engrais ; et avec beaucoup d'engrais, l'on récoltera beaucoup.

Donc, quiconque ne tient pas assez de compte des prairies n'aura jamais de bons produits en agronomie : répétons-le jusqu'à satiété.

Les prairies artificielles, dont nous avons assez parlé dans les *amendements* et dans l'*assolement*, ne seront pas celles qui rendront le moins quand on amendera bien leur sol.

Nous avons attendu d'arriver à l'article *prairies* pour parler de l'effet de l'acide sulfurique, qui, s'il en fallait croire certain chimiste, produirait les meilleurs résultats pour toutes les prairies quelconques.

Ne l'ayant pas éprouvé, nous nous réserverons pour l'affirmation, mais nous dirons ce qu'il est rationnel de dire à cet égard :

Cet acide, — comme le nitrique, dont on ne doit pas se servir pour amender, étant beaucoup plus cher que le sulfurique, — a la propriété, étendu dans deux cents fois son volume d'eau et plus, de convertir en plâtre la matière calcaire qui peut exister dans le sol, tout comme la chaux avec laquelle on aurait chaulé un terrain.

Or, cet acide ne coûtant que 40 centimes le litre, on peut l'utiliser avantageusement, soit que le terrain contienne du calcaire (ce dont on s'assurera facilement, ainsi que nous l'avons indiqué à la fin du septième chapitre, *des engrais*), ou qu'on soit obligé de chauler.

On comprend quelle économie il doit résul ter du changement de la chaux en plâtre par l'action de l'acide en question, vu la différence de prix du plâtre et de la chaux.

En ajoutant ce nouveau moyen d'amendement à ceux que nous indiquons, l'agriculture sera parfaitement dispensée d'avoir recours à des compositions merveilleuses peut-être, mais dont la base pourrait bien n'être qu'une combinaison de cet acide avec le carbonate d'ammoniaque, que l'acide sulfurique convertit aussi en sulfate d'ammoniaque, très actif pour la végétation, nous a dit un autre chimiste.

De sorte que l'emploi de l'acide sulfurique produit encore cet avantage, de convertir le carbonate d'ammoniaque qui se forme dans l'air, et que les pluies amènent dans la terre, en sulfate d'ammoniaque.

Puisqu'il est établi depuis longtemps qu'une propriété est pauvre quand elle ne produit guère de fourragés, comment concevoir l'abandon absolu des prés, qu'on n'amende jamais dans beaucoup de pays, ainsi que nous l'avons vu?

Aussi, en raison de cet abandon, les prés les

plus favorablement situés ne produisent que du très mauvais foin et en petite quantité. Il n'y a que les prés qui s'amendent d'eux-mêmes en recevant les eaux qui lavent les rues, et les fumiers des localités, qu'on peut se dispenser de fumer : encore remarque-t-on que ces prés se fatiguent de cette uniformité d'engrais; car le fenouil et la patience, s'y développant vigoureusement, étouffent tous les autres herbages.— La suie, les cendres et le plâtre peuvent seuls les détruire, ainsi que les composts calcinés.

A gens de village, trompette de bois.

Lorsque, dans l'intérêt du propriétaire, nous faisions des observations sur l'état misérable de ses prés, quand nous ne recevions pas des grossièretés, on nous répondait : « Les engrais sont pour les terres. » Et quand alors nous opposions à la routine son propre dicton : « que si les terres sont des demoiselles, les prés sont des messieurs...—Ah!.. c'est vrai, mais le grain avant tout !... —Mais vous n'aurez beaucoup de grain qu'en bien fumant; et pour bien fumer, il faut avoir beaucoup de bestiaux.—Ce n'est pas l'habitude!... » Est-ce que, dans l'intérêt de la société, il y aurait arbitraire à forcer la routine? Dans tous les cas, il est bien pour elle que nous ne soyons pas ministre!... elle disparaîtrait, ou notre portefeuille... Mais, patience :

La force des choses, qui fait revenir les hommes de l'erreur destructive des conquêtes par le fer, va les forcer conséquemment à faire une guerre à outrance à tous les faux systèmes qu'a enfantés la première phase de notre globe; phase d'enfance, dont les effets sont les mêmes pour tout ce qui existe : ainsi le veut la variété, pour l'harmonie.

L'irrigation des prairies, aussi anormale que tout le reste, nous oblige à tracer un modèle qui remplira cette autre lacune :

Rigole supérieure de la prairie.

Rigoles latérales.

Rigoles latérales.

mère rigole.

Vanne.

Quelle que soit l'irrégularité du sol, avec des rigoles ainsi pratiquées, l'arrosage sera uniforme dans toutes les parties, par la reprise successive de l'eau dans les rigoles latérales, en lui empêchant de suivre la pente irrégulière qu'ont généralement tous les prés, quelle que soit leur assiette.

Si l'eau n'est pas assez abondante pour fournir à toute l'étendue, en pratiquant des vannes dans le biez ou dans la mère-rigole pour la boucher, alors on mettra alternativement l'eau tantôt sur une partie et tantôt sur l'autre.

Lorsque la pente des prés peut occasionner l'effondrement du gazon, la mère-rigole doit être pavée, et ses bords complantés avec de l'osier : ce qui, en ornant la prairie et sans lui nuire, n'en sera pas moins un bon revenu ; car cette plante paraît ne vivre que d'air et d'eau, à quelque chose près.

Une prairie étendue, ou le pré bien accidenté, demandent plusieurs mères-rigoles pour l'alimentation des latérales ou rigolettes irrigatives.

Avec ce plan d'irrigation, on peut arroser les terres sans craindre l'effondrement.

Dans une propriété un peu considérable, si les

sources sont rares, comme les prés sont toujours dans les bas-fonds, en faisant des saignées biaisées, venant de droite et de gauche des terres humides, on se créera, par le moyen de réservoirs pratiqués au bout de ces saignées (qui pour exister n'ont besoin que de pierres ou de cailloux dans leur fond, de l'épaisseur de trente-trois à quarante centimètres, et recouvertes avec de la terre pour ne point perdre de terrain, sans craindre leur obstruction); on se procurera, disons-nous, de l'eau pour le temps sec.

On aura aussi beaucoup d'eau quand de pareilles boutasses seront pratiquées au fond des rigoles des terres et des chemins, lesquelles se rempliront à la première averse, et dont l'eau amendera, tout en arrosant quand il en sera besoin.

Terminons ce chapitre en disant que c'est une faute de tenir pendant l'hiver les eaux sur les prés, et presque sans interruption, au printemps, le long des rivières : aussi le fourrage de ces prés-là, n'ayant que très peu de substance, nourrit mal les bestiaux.

Seulement, l'on comprend que des eaux comme celles du Gier, chargées de cendres par les fourneaux et les verreries de Rive-de-Gier, doivent s'épancher en tout temps sur les prés, qu'elles amendent.

Mais, indépendamment de cet avantage, on nuit à la végétation en tenant toujours ces eaux au printemps dans les prairies, ainsi qu'on le fait, surtout en en employant une quantité pour un courant capable de favoriser le frai des poissons, comme nous l'avons vu.

A quoi sert alors que l'eau soit riche d'engrais, quand on la met dans l'impossibilité de les laisser sur les prairies qu'elle baigne ?

Quel nom donner au mauvais génie qui interdit les observations que le gros sens commun peut faire ? L'*habitude*, ou sa sœur la *routine*.

CHAPITRE IV.

Plantations.

Violenter la nature, est une anomalie.

Quelles que soient les plantations d'arbres, elles réussiront d'autant mieux qu'on ménagera de grands trous pour les transplanter, et faits bien longtemps d'avance, afin de laisser purifier et enrichir la terre sauvage qu'on a soulevée :

car l'air, en la rendant meuble, la charge des sels qu'il contient.

La plus grande faute qu'on puisse commettre, c'est de fumer les plantations avec du fumier animal, car ce fumier fait excéder la sève : de là les crevasses ou caries sur l'écorce, le rachitisme et le charmé, ou la mort.

Les branchages, les genêts, les bruyères, les buis, les herbes, le gazon, ou les terreaux froids, doivent seuls entrer dans les trous lors de la transplantation des arbres.

Ce moyen remplit deux grandes conditions : celle de fournir graduellement la petite dose d'humus qu'il faut aux jeunes arbres, par la décomposition lente des végétaux, en même temps qu'ils empêchent le tassement de la terre ; ce qui permet aux racines de recevoir l'air qu'il leur faut.

Puisqu'il en est des blessures et des cicatrices des plantes comme de celles des animaux, pour les guérir il faut détruire le contact de l'air. Ainsi, en ligaturant les éraillures, les blessures, les crevassements avec de la terre et des liens de paille, on ramènera une vigueur inespérée. Il y a plus : en remplissant encore le vide que la vétusté ou la maladie ont produit dans le cœur des arbres, et en ligaturant de façon que la terre ne tombe pas, on les rajeunit.

L'émondage scrupuleux des branches mortes est de rigueur.

Mais il faut toujours couvrir avec de la terre, retenue par un chiffon, le bout des branches vertes qu'on vient de couper.

Le sarclage avec la pioche est aussi de rigueur pour les arbres, qui ont toujours besoin que la terre soit meuble; d'ailleurs, ils craignent aussi les herbes.

Le défaut de ces deux conditions fait que les arbres fruitiers ne réussissent guère dans les prés, à moins que le sol n'en soit léger.

Aussi il serait inutile d'essayer de faire réussir même des peupliers dans un pré dont le sol glaiseux est tassé, si l'on ne remplit pas les trous avec d'autre terre plus meuble; tandis que, comme nous l'avons prouvé, les plantations réussissent sur les plus mauvais sols, mais légers, en les fumant avec des végétaux.

En présence des besoins toujours croissants de la société, nous demanderons si, sans sacrifier l'agréable, il ne conviendrait pas de remplacer les arbres nuls de tant d'allées et de parcs inutiles ? Est-ce que les châtaigniers, les cerisiers, les pommiers à plein vent ne vaudraient pas les marronniers, les peupliers, les tilleuls et les ormeaux, etc. ?

Qu'on se rende compte, par la pensée, de la quantité de fruits de toute espèce que produirait une quantité d'arbres fruitiers égale à celle des arbres nuls.

Comme superflu, ces fruits donnés à la misère la soulageraient. Puis, qui peut comparer la beauté d'un platane avec un cerisier, un pommier, etc., à plein vent, bien développés, comme nous en avons vu ? Ceux-ci, tout en charmant les yeux, depuis leur floraison jusqu'au moment où ils se dépouillent de leurs fruits, embaument et rendent l'air sain. — La nature destina les platanes et les marronniers pour les sangliers.

Toutes ces considérations nous portent à ajouter que nous nous flatterions de faire un parc ou jardin anglais peut-être plus beau que ceux qu'on crée avec des plantes exotiques, qui refusent de se prêter à de vains caprices, malgré les dépenses excessives qu'on fait pour les accoutumer à un ciel qui n'est pas le leur.

Plus judicieux, les oiseaux de nos climats fuient et ne vont pas animer ces parcs anormaux; ils semblent respecter l'état de souffrance de ces tristes plantes dépaysées. Contraindre la nature est une extravagance.

Mais un jardin français, dont la composition partirait du myrtille et successivement arriverait à l'alisier et au putier, non-seulement serait beau, mais fertile et plein d'animation, par la multitude d'oiseaux qui viendraient l'habiter, même pendant l'hiver, pour se nourrir des airelles, des alises et du fruit du putier fier de sa robe pourprée, alors que les frimas ont dépouillé la nature de tous ses charmes.

Si la Bresse et le Forez avaient en sorbiers, en alisiers, en cerisiers et en néfliers la centième partie de ce qu'ils ont de mauvais vernes et de mauvais trembles, ils ne seraient pas obligés de ramasser jusques au fruit de l'églantier pour faire de la boisson : non-seulement ils auraient de bonne boisson pour toute l'année, mais encore de quoi faire plus qu'il ne leur en faudrait des eaux-de-vie dont ils sont amateurs; et, par la rectification, ils trouveraient encore de quoi s'éclairer à l'*alcool*.

CHAPITRE V.

Pépinières.

Pour éviter l'erreur, suivez l'analogie.

Comme l'on commence heureusement à comprendre les nuisibles effets du déboisement des pays élevés, et de la dénudation des collines et des montagnes, un court aperçu sur les pépinières doit trouver ici sa place. Et d'abord :

Un hectare de terrain pouvant nourrir pendant cinq ou six ans cent cinquante mille pieds d'arbres, dont vingt-cinq francs le cent, le revenu sera de trente-sept mille cinq cents francs.

Mais, en semis de pin, de sapin et de mélèze, etc., l'hectare fournira plus du double de sujets, transplantables au bout de deux ou trois ans.

Ainsi, en plantant ces arbres à la distance raisonnable qu'il faut pour leur développement naturel, soit à dix mètres de distance les uns des autres, on boisera une étendue de trois cents hectares avec un hectare de semis.

Et comme ces plantes, ainsi que les châtaigniers et tant d'autres, s'accommodent du plus mauvais terrain, pour peu qu'on soigne leur transplantation et qu'on les sarcle, en empêchant aux moutons et aux chèvres de les visiter, elles réussiront au-delà de toute attente, si surtout un peu de gazon, de genêt, de bruyère, ou de fougère, placé dans leur petit trou, en les nourrissant tient la terre meuble autour d'elles, et prévient la gelée jusqu'aux racines, dont l'effet est de rabougrir les plantations quelconques.

Aurait-il quarante ans, le planteur pourra jouir et se dédommager de ses peines et de ses dépenses, tout en créant l'avenir de sa famille, à laquelle d'ailleurs il se doit.

Alors la repoussante et nuisible dénudation des montagnes et des collines se changera en forêts aussi belles que lucratives.

Alors l'intempérie des saisons disparaîtra.

Alors les brûlantes sécheresses ainsi que le tarissement des rivières disparaîtront, par les sources invariables qui naîtront du boisement. Avec cet équilibre, des eaux, des ruisseaux viendront dans toutes les directions réjouir et fertiliser les plaines arides, en même temps qu'ils se peupleront d'excellents poissons.

Alors aussi pourra s'opérer le déboisement de tant de belles plaines, qui jurent d'être couvertes de mort-bois.

Si les bois de la Bresse couvraient la nudité des collines et des montagnes qu'elle a à son levant et à son couchant, tout ce panorama serait aussi magnifique qu'il l'est peu, et la plaine en deviendrait bien plus salubre.

La limitation restreinte de la vue par les bois, dans les plaines, en fait un séjour pénible qui rend morose et anéantit l'imagination.

Bien ameubli par un défoncement de cinquante à soixante centimètres, un sol très ordinaire peut former une pépinière, ainsi que nous l'avons remarqué dans plusieurs pays, pour peu que le sol soit amendé avec des composts de terre et de végétaux ou des composts calcinés ; mais jamais avec des fumiers d'animaux, si l'on veut prévenir les déceptions qui surviennent après la transplantation, ainsi qu'il arrive tous les jours.

Une fois développés et accoutumés à des engrais chauds et actifs, le changement d'état parmi les jeunes arbres transplantés produit le rabougrissement : qu'on ne s'y trompe pas.

Nous allons plus loin : la condition d'une pleine réussite veut que les pépinières soient faites dans les pays et sur des sols de même nature que ceux sur lesquels on devra transplanter les arbres.

Voilà les préceptes que nous donnons à la routine, au nom de l'analogie qui ne trompera jamais.

CHAPITRE VI.

Etangs et Viviers.

Les étangs compromettant la santé qui est le plus précieux des biens, il ne faut point d'étangs !

Etant prouvé que la santé paie bien cher le produit des étangs et des viviers, non-seulement il n'en faut point créer, mais il faut détruire impitoyablement ceux qui existent : car leurs effets sont si déplorables en Bresse que non-seulement ils font rester la population stationnaire, mais qu'ils l'étiolent dans certains cantons au point d'être impropre à servir l'Etat ; ce qui fait que les cantons limitrophes de ceux-là, sont moissonnés dans leur jeunesse, pour remplir le contingent que veut la loi.

Est-ce que l'Etat ne donnerait pas raison aux victimes innocentes de l'incurie et de la cupidité, si elles exposaient leur situation au Gouvernement ?

La sollicitude gouvernementale nous fait juger affirmativement.

Reprenons, pour achever à grands traits ce lugubre tableau :

C'est un spectacle digne de pitié de voir dans beaucoup de communes les enfants et les femmes dépourvues de teint, et des charmes dont la nature dota le sexe : celles-ci semblent une espèce neutre, ou tenir le milieu entre le Français et l'Albinos.

Pour votre bonheur, Bressans, n'apprenez pas à connaître les principaux caractères qui rendent le sexe attrayant !...

Et puis, malgré l'opinion, sans doute intéressée, de certaines personnes savantes, qu'on nous a dit avoir été émise au Congrès scientifique de Lyon, nous avancerons que : sans les étangs bressans, Lyon n'aurait pas la moitié des brouillards qui le couvrent en hiver, de même que nous n'admettrons pas que les brouillards qui viennent de la Bresse sur Lyon, par le vent du nord, ne peuvent être malsains : car, comme le vent du midi, aussitôt qu'il souffle, dissipe les brouillards au lieu de les produire, d'où viennent donc ceux qui blessent si fort l'odorat des Lyonnais, et compromettent des estomacs herculéens ? —Le docteur qui avancerait cette opinion devrait se charger gratis des cures des maladies occasionnées par les brouillards qu'amène la bise !

Mais comme nous en doutons, ne l'ayant pas entendu, nous ajoutons qu'un disciple d'Esculape qui aurait avancé ce fait avait des raisons pour imiter de loin Fontenelle dans sa réserve.

Ainsi revenons à notre sujet, et laissons à chacun son métier.

Le poisson étant nécessaire à la société, il en faut. Eh bien ! d'abord :

Que la pêche soit donc sévèrement défendue aux époques du frai, époques dont on profite pourtant avec un acharnement aveugle pour faire aux poissons une guerre exterminatrice et immorale, comme l'a dit Marmontel.

Qu'il en soit de même de l'empoisonnement, surtout par la chaux, dont toutes les campagnes font un si déplorable usage, et dont certains maires ne craignent pas de donner le triste exemple, au mépris de la loi qu'ils sont chargés de faire exécuter.

La coque, les plantes vénéneuses, la chaux, et le détournement des eaux, privent la société d'au moins cinquante mille quintaux de truites ou d'autres poissons par année, rien que dans le Forez et la Haute-Loire !

On en est arrivé à dépoissonner entièrement des ruisseaux et de petites rivières où naguères, avec la main seulement, ceux qui en voulaient en prenaient ce qu'il leur en fallait, sans qu'on s'aperçût l'année suivante de la quantité énorme qu'on en avait prise l'année d'auparavant !

Dans la Lozère, où l'on comprend mieux les intérêts particuliers et sociaux, les truites sont dédaignées, par leur abondance : quarante centimes paient le demi-kilog. des truites qui en pèsent un à Langogne, et vingt centimes celles qui sont plus petites que celles-là.

Si, revenant de leur vertige, les Forésiens et les Velaysiens prenaient des précautions pour ramener l'abondance des poissons, les villes de

Lyon, de St-Etienne, etc., leur compteraient des millions chaque année, surtout si pendant l'été ils plaçaient le superflu du poisson dans des réservoirs, pour en fournir en toute saison.

Mais accoutumés, comme des Vandales, à la destruction la moins excusable, ils auront de la peine à s'amender. Aussi cette considération ferait terminer là cet article, si le titre de notre Essai ne nous imposait l'obligation de poursuivre. — Or, disons que :

Avec le moindre ruisseau dans une propriété un peu considérable, en faisant serpenter autant que possible ledit ruisseau sur un parcours d'un kilomètre de longueur, on en fera un dix fois plus étendu ; et pour peu qu'on aide l'eau à chaque coude, des remises salutaires tranquilliseront le poisson, surtout la truite, dont le caractère ombrageux ne lui permet pas de fructifier dans les eaux où elle ne peut se soustraire aux regards : on dirait qu'elle a le sentiment de sa bonté et de sa beauté, conditions fatales qui provoquent la cupidité.

L'eau étant nivelée par ce moyen, on n'aura pas à craindre des effondrements, et l'on aura avec un petit cours d'eau une rivière étendue qui produira du poisson au-delà des prévisions, en même temps que la propriété s'en embellira d'une manière admirable, et que par ce moyen l'arrosage sera rendu partout facile.

Oh! que de sources dont le volume d'eau, s'augmentant par le moyen d'un niveau doux et régulier, feraient de petits canaux poissonneux! car la preuve en est partout, dans les ruisseaux qui ont de la truite: on en trouve jusqu'à la source de ces mêmes ruisseaux, et en abondance.

Avec des remises pour frayer et se reproduire, la truite veut aussi du gravois sur quelques points où la pente doit être plus prononcée.

Voilà pourquoi elle ne fructifie pas dans le lac de St-Fonds (Haute-Loire), bien qu'elle y grossisse promptement, soit que les sources qui l'alimentent n'aient pas de courant, soit que la vase cendreuse du lac, cratère d'un des nombreux volcans qui ont bouleversé ces pays, soit encore une autre cause de non-reproduction.

Ceux qui, par l'essai, prendront en considération ces réflexions, auront la précaution de mettre des loches, des vérons et du goujon pour l'alimentation des gros poissons, surtout pour la truite, afin de l'empêcher de manger son espèce.

Les ruisseaux des plaines glaiseuses pourront nourrir des tanches, des carpes, etc.; mais le propriétaire qui aurait une source abondante, en la recevant dans un bassin rempli de sable et de buissons, verrait l'eau de plaine se clarifier assez pour la truite, l'ombre, la lotte, etc.; et de même, en mettant du sable et du gravois à différents intervalles dans le canal produit par ladite source. — Nous l'avons expérimenté quand nous n'avions que vingt ans.

Ainsi, nous n'hésitons pas à conclure qu'on remplacera avantageusement les étangs et les viviers pour les rendre à l'agriculture, dès l'instant que l'on voudra profiter des largesses en tous genres que la Providence a semées partout. Par ce moyen, plus d'étangs! et plus de rabougrissement honteux de l'espèce humaine (1)!

---

(1) Animée comme elle l'est par les poissons, l'eau des étangs n'est pas fiévreuse par elle-même; non,

CHAPITRE VII.

Ensemencements.

Pour bien cueillir, il faut semer très bien.

L'expérience acquise depuis longtemps, et qui sert de base aux ensemencements, nous dispense heureusement d'avoir encore ici de pénibles réflexions à faire ; seulement nous

---

sans doute : c'est la retraite des eaux, en été, qui, laissant à nu une grande partie du sol, produit des vapeurs malsaines par la putréfaction des insectes aquatiques logés dans la vase, et occasionnant encore le développement de la féverolle, dont les émanations sont très fiévreuses, et qu'il est impossible de prévenir.

Ces causes insalubres existeront toujours dans les pays dont les étangs ne s'alimenteront que des eaux pluviales.

Les lacs et les étangs qui n'éprouvent point d'étiage ne sont pas malsains.—Les sages mesures qu'ordonna l'autorité, après l'inondation de 1840, justifient encore ce que nous avançons.

dirons à ceux qui nient les influences lunaires, que :

Comme tout se lie sans intervalles dans la nature, les globes s'influencent réciproquement.

Il ne s'agit donc que d'apprendre sous quel aspect leurs influences produisent tel ou tel autre effet.

Une expérience faite l'année dernière vint donner pleinement raison au dicton qui dit, qu'en semant en lune nouvelle on a beaucoup de tige ou de rame, et peu de fruit.

Des pommes de terre faites trois et quatre jours avant la nouvelle lune furent très abondantes, et grosses outre mesure; tandis que celles qui furent semées sur le même carré le premier et le second jour de la nouvelle lune donnèrent des rames de deux mètres de hauteur (mesurées devant plusieurs personnes), et pas une seule pomme de terre! Ce fut en vain que nous coupâmes ces rames gigantesques, qui se reproduisirent par des jets plus nombreux encore, mais toujours sans fruit.

Bien que faites sur un des sols les plus gras des Brotteaux, ces pommes de terre rouges venant de la montagne furent farineuses et très bonnes, parce que nous avions affranchi le terrain avec des matières calcinées ou cendreuses.

Dans les pays froids, où l'on craint le dépérissement des récoltes par le trop long séjour de la neige sur elles, l'on réserve des terres pour faire d'autres ensemencements au printemps, qu'on appelle tramèses, lesquels réussissent rarement bien, et ne donnent qu'un grain amaigri; d'où cet autre dicton : Il ne faut jamais dire aux enfants que les trémois ou tramèses ont réussi.

Enfin, il est encore dit que mieux vaut semer poudreux que patouilleux.

Le défaut général dans les semailles, c'est de ne pas tenir assez de compte du brisement des gazons, ce qui cause un grand préjudice.

Sans discuter le mérite de certains semoirs mécaniques, nous croyons qu'un bras bien exercé vaut autant, par la facilité qu'il offre de semer plus ou moins épais, selon le besoin.

Les ensemencements faits pendant la gelée, les brouillards, la neige et le givre, se ressentent déplorablement de ces circonstances, qui morfondent le sol.

CHAPITRE VIII.

Sarclages.

De qui sarclera bien les produits seront drus.

Si les sarclages à la main et à la pioche sont indispensables pour les plantes potagères, féculeuses, oléagineuses, autour des arbres fruitiers, pour les pépinières, et même pour les plantations de boisement, ainsi que nous l'avons dit, dès que les mauvaises herbes apparaissent, le sarclage des céréales avec la main avant leur épiage est tout aussi indispensable quand les herbes sont nombreuses; car aucun travail ne sera plus profitable, en dépit de la routine insensée qui nous a aussi, à ce sujet, répondu maintes fois : On aurait bien à faire s'il fallait herbéïer les blés! — Mais ils sont pleins de bluets, de nielle, d'ivraie, etc. — Ah bien! c'est un malheur!

Il y a des années que les bluets, dans les pays montagneux, effacent totalement le seigle; aussi faut-il un palais et un estomac bronzés pour manger le pain qui est produit par des grains aussi avariés; ajoutez à cela, que la quantité est aussi minime que la qualité vaut peu.

Il ne vaut pas la peine vraiment que la routine se donne tant de mal pour créer ce dont elle a grand besoin, quand, au moment de voir son attente remplie, elle laisse périr l'objet de cette attente. Les termes manquent pour exprimer une pareille conduite. Il y a de quoi justifier l'apostrophe du célèbre Boileau!

On dirait que la main de la routine n'est propre qu'à la dévastation!

CHAPITRE IX.

Labours.

Qui laboure à propos, amende le terain.

Toute charrue ou araire qui par le labourage ne renverse pas bien la terre, est défectueuse.

Deux labours en sens inverse sont indispensables, pendant le cours du printemps et de l'été, pour les terres en jachère.

Plus le labour fait pour l'ensemencement sera mince, mieux il vaudra.

Les gramens et les chardons doivent être ramassés avant les semailles, et brûlés ; car ils sont comme les polypes : plus on les divise, plus on reproduit d'individus.

Les gazons doivent aussi être brisés, mais par un temps sec, ou après les labours.

L'étendue comme la pente des guérets doit donner la mesure du nombre des sillons ouverts, lesquels doivent servir de rigoles conductrices pour les eaux pluviales et autres, afin de prévenir les effondrements et l'entraînement des terres.

Ces sillons ouverts doivent toujours être pratiqués de biais, et en pente douce.

Les charrues doivent toujours être armées d'un coutre, surtout dans les terres fortes, herbeuses et en jachère.

Les labours, même préparatoires, comme nous l'avons dit, ne doivent point se faire, pas plus que les ensemencements, alors que la terre est gelée, qu'il neige, etc. : cela corrompt la terre et la rend malade.

Enfin, le meilleur labour ne vaut pas le plus mauvais béchage : qu'on ne s'y trompe pas !

CHAPITRE X.

Moissons et Fenaisons.

Presque toujours la lenteur gâte tout.

Comme dans presque les trois quarts du département de l'Isère on laisse perdre la moitié des grains par la lenteur qu'on met à moissonner avec de ridicules et imperceptibles faucillettes dentelées, pourquoi ne pas faire, comme dans bien des pays, les moissons avec la faux surmontée d'une claie en demi-cercle, qui couche les épis en javelle continue et régulière ? Il n'est pas rare de voir après leurs moissons assez de grain sur le sol, pour qu'il y ait bénéfice à le ramasser; il n'en peut pas être autrement, surtout quand le vent du midi souffle pendant quelques jours, puisque les moissons durent des mois entiers!

Mais si les Dauphinois, qui ont fait sous d'autres rapports de notables progrès en agriculture, ne pouvaient vaincre leur maladresse à couper les blés avec la faux-râteau, qu'ils requièrent pour leurs moissons les montagnards qui vont dans les plaines du Forez et qui remontent jusque dans la Lozère : avec eux les moissons ne durent jamais plus de huit jours dans chaque pays. Avec leur volant-faucille ils avancent autant qu'avec la faux, et les glaneurs ne se font pas riches après eux, en même temps que le chaume ne reste pas long.

Quatre de ces moissonneurs feraient plus, et mieux, que douze de ceux de Moras, du Grand-Lemps, etc., etc., tout en coûtant beaucoup moins.

FENAISONS.

Tout faucheur qui coupe près de terre, et dont la régularité dans le coup de faux n'échevelle pas l'herbe à l'extrémité du coup, ne sera jamais trop payé.

Contre l'habitude de certains pays, les andains doivent être brisés dans le courant du premier jour de la coupe, si l'on veut régulariser le dessèchement des fourrages et prévenir la pluie en hâtant la préparation du foin, que quelques heures de retard bien souvent font gâter sur place.

Tout fourrage qu'on ne retourne que deux

fois est mal séché; et tout foin qu'on ramassera humide ou peu sec se moisira et pourra fermenter, surtout dans les granges, jusqu'à s'embraser.

CHAPITRE XI.

Vignes.

> Quiconque détruira la pyrale, la bêche ronde et la carrée, sauvera les vignobles du Beaujolais.

Puisque notre Essai n'est qu'une exposition de principes ayant pour but de faire apprécier les ressources intarissables de la terre et les vices de l'habitude, nous devons, même en face du besoin qui fait taire la raison, continuer à proclamer des principes; le temps n'étant peut-être pas bien éloigné où les hommes, contre l'avis de Charron, pourront supporter la présence de la vérité toute nue.

Ainsi, nonobstant l'invocation du besoin et de l'intérêt, si toutefois il est bien vrai qu'il y ait intérêt, nous dirons qu'on a tort de pousser les vignes en les amendant avec du fumier animal d'écurie ou autre : car il ne faut plus compter sur des vignes séculaires, en les fumant ainsi.

Il ne faut pas compter non plus sur la qualité des vins : aussi ne calculent-ils pas tous bien juste ceux qui cherchent la quantité aux dépens de la qualité. Nous pourrions citer un clos dont le vin, sous l'ancien maître, se vendait cent francs la bareille, et qui ne vaut plus que trente et quelques francs depuis que le nouveau possesseur a visé à la quantité en arrachant les anciens ceps, et en fumant la plantation nouvelle : car, tout en récoltant deux tiers de vin de plus qu'on ne le faisait, le revenu actuel ne vaut pas l'ancien ; ajoutez à cela que les dépenses sont bien plus fortes.

Afin que de ces réflexions on ne puisse inférer que nous avons tort, en face des besoins du jour, de prôner la qualité au détriment de la quantité, nous dirons que l'on aura l'un et l'autre quand on voudra utiliser les terrains laissés incultes de toutes parts sur les flancs des collines. Dans une seule propriété que nous avons vue naguère, nous avons remarqué une étendue de plus de trente hectares exposée à souhait pour produire d'excellent vin, et que les grangers laissent en jachère, pendant que les vignes occupent la place des céréales et des prés !...

Tout le coteau à droite du Gier, en partant de Givors jusqu'à Rive-de-Gier, produirait du bon vin : le peu qu'on en récolte en est la preuve; et cette masse de terrain reste aussi en jachère!

Combien, dans le seul département du Rhône, de mille hectares laissés en friche, qui feraient de meilleures vignes que celles des plaines de Millery et de Brignais !

Pour prouver encore que nous voulons la quantité, nous ajouterons qu'on l'aura, sans échauffer les vignes, en les amendant avec les végétaux quels qu'ils soient, ou bien avec des composts quelconques au lieu de fumier animal.

A part les vignes du Midi, partout ailleurs le trop grand rapprochement des ceps fait voir que l'analogie n'a pas ordonné beaucoup de plantations. De là, la chétiveté des ceps, et leur peu de puissance pour prévenir le coulage du raisin par la sécheresse ou la chaleur; de là encore, le besoin d'échalasser à grands frais tous les ceps, et l'impossibilité de biner au besoin sans casser de beaux jets; de là aussi, la maigreur des raisins : ce qui empêche encore souvent leur maturité, par l'ombragement anormal que produit cet excès de rapprochement de ceps, quenouilles et mingrelins.

L'analogie ou l'observation des faits ne pouvait guider dans ces cas-là, alors qu'on n'a pas même pu prendre en considération le sage moyen donné par un agronome pour l'extinction des larves vignicoles.

Ce moyen consiste à allumer partout des lampions pendant la nuit, à l'époque de l'apparition des phalènes qui produisent ces larves dévastatrices. Mais ce serait en vain que quelques vignerons le feraient isolément, ainsi qu'il est arrivé.

Des mèches soufrées ou résineuses, ou des morceaux de bois gras, de souches de pin, en brûlant toute la nuit, coûteraient peu.

Si l'on n'a pas encore essayé les flambeaux de soufre dont la puissante vapeur étouffe des animaux autrement robustes que la pyrale, la bêche ronde et carrée, et les phalènes, nous pensons qu'on ferait bien d'essayer ce moyen, ainsi que la bouillie faite avec de la suie, dont on enduirait les ceps avec un pinceau, après s'être assuré par la chimie si cela ne nuirait pas aux ceps : car nous avons bonne opinion de ces moyens-là.

Enfin, malgré l'opinion de ceux qui attribuent à la grappe la propriété de conserver le vin, nous dirons que l'égrappage améliore tellement le vin dans certains endroits, qu'on ne peut comparer le vin égrappé avec celui qui ne l'est pas : l'un est fin, savoureux, et l'autre est tartareux avec un goût de terroir.

Quand on voudra conserver les vins, qu'on les tienne transvasés autant qu'il faudra. — Avec une grille en fil de fer, trois hommes égrapperont ce que vendangeraient douze ou quinze personnes.

Il faut se garder de complanter en vigne, avant trois ans, un sol défriché de bois taillis, car la plantation ne réussirait pas. Il faut ce temps-là pour affranchir la terre.

CHAPITRE XII.

Clôtures.

En clôturant les fonds, l'on prévient les dommages et les discussions.

Si l'entreprise en projet de l'*Essaim*, ayant pour but l'exploitation agriculturale d'une étendue de quatre ou cinq cents hectares de terrain par l'association du capital et du travail, vient à se réaliser, tout d'abord les cloisons disparates et nuisibles qui, comme nous l'avons remarqué encore dernièrement sur plusieurs points, défigurent les grandes terres composant plusieurs fermes, disparaîtront impitoyablement quand il s'agira de commencer les engrais composts.

Ces sauvages et nuisibles cloisons, bonnes pour clôturer les bois, seront remplacées, non dans l'intérieur, mais sur le pourtour de la propriété, du côté nord, par trois rangs symétrisés, sur le tiers de la ligne nord, de bons framboisiers pour boisson et gelée; de trois autres rangs de noisetiers de jardin pour nougat, et de néfliers pour fruit et compôte de ménage; au levant, d'une double rangée, divisée en deux parts, de groseilliers et de cacis pour gelée et ratafia; au midi, de trois rangs opposés de mûriers nains pour vers à soie ; au nord, par deux lignes mariées de genévriers du Roussillon pour l'eau et l'élixir bienfaisant de genièvre ; et l'autre moitié de cette ligne, par le genièvre à petites baies noires, pour les fumigations assainissantes des étables et écuries, et même des établons et juchoirs :

on livrerait le surplus au commerce, ou il servirait à la distillation pour liqueurs.

Ces clôtures, bien soignées et sarclées, nous font entrevoir un produit que nous devons laisser estimer par le lecteur.

Ce que nous ferons remarquer en finissant ce chapitre, c'est encore la quantité de terrain perdu pour la société par les haies inutiles de certaines propriétés ; car nous avons mesuré à vue d'œil plus de trois hectares de terrain occupés par des ronces, des tertres et des fossés inutiles, sur une terre de moins de trois cents hectares.

Et ce terrain sacrifié ferait le bonheur d'une famille entière !

En présence de tous les faits qui tendent à annihiler les produits de la terre, ce qui nous étonne, c'est son revenu actuel.

CHAPITRE XIII.

Instruments aratoires.

Le besoin rend industrieux. (*Prov.*)

L'industrie qui a porté les hommes à créer les instruments aratoires et tous ceux dont ils ont eu besoin pour leurs différents travaux, ayant été en raison inverse de leur sagacité pour comprendre la terre, il ne reste heureusement point de réflexions sérieuses à faire sur ce sujet. Seulement, on ne peut approuver les bêches et certaines houes, aussi courtement emmanchées qu'elles le sont dans certains lieux.

Nous comprenons qu'une houe soit courtement montée, pour les terrains à pente raide; mais quand, pour se servir de cet outil en pays plat, un malheureux a constamment la tête plus près de terre que les reins, nous disons qu'il se tue en pure perte. De même, nous préférons les bêches à palot de bois, à celles qui sont en fer massif: celles-ci, écrasantes par leur poids, ne sont jamais assez longues et fatiguent bien davantage, tout en faisant un travail moindre sous tous les rapports.

La question de solidité ne peut être invoquée contre les bêches à palot de fayard ou de frêne, bien faites.

BOUTASSES SANS BÉTON.

Quoique nous soyons l'inventeur de ce genre de boutasses, nous en garantissons la solidité et l'imperméabilité. Voici les moyens simples pour les confectionner:

Après avoir creusé l'espace et la profondeur qu'on désire, i faut faire une banche en mauvaises planches liées seulement par des liteaux cloués, ayant une hauteur égale à la profondeur de l'excavation ; puis, afin qu'elle soit bien consolidée, on l'étaie des deux côtés opposés par des bois quelconques.

La banche ainsi placée, on jette entre elle et les parois du terrain creusé, d'abord une couche de terre glaise, ensuite une couche de mousse; puis, avec une espèce de demoiselle assez longuement emmanchée et un peu arrondie au bout, l'on pise cette assise à laquelle on mèle un peu de gravois, avant d'en recommencer une seconde; et ainsi jusqu'à la hauteur du sol.

La banche est de suite levée, pour être placée sur une autre face : on continue ainsi jusqu'à la fin.

Pour le fond, qui est fait de la même façon, on descend dans la boutasse. Vingt-deux centimètres d'épaisseur pour le béton ne laisseront jamais suinter l'eau. Le fond doit être carrelé avec des briques, pour qu'on ne le dégrade pas en curant le réservoir.

Il faut encore avec des briques et du mortier garnir les parois des boutasses qui ne pourraient pas être toujours pleines, afin d'éviter les crevasses causées par le dessèchement qui fait faire retraite à la terre, en diminuant son volume; précaution dont on n'a nullement besoin si la boutasse peut se remplir d'un jour à l'autre.

Non loin de Lyon, nous en fîmes construire une pour une personne qui avait offert quatre cents francs aux maçons, sans que ceux-ci eussent accepté ni voulu répondre de la perte d'eau. Cette boutasse, qui tient l'eau comme le verre le ferait, ne lui revint qu'à quatre-vingt-dix francs.

L'expérience nous a prouvé que les rats d'eau ne les percent pas, ce qui fait qu'ils ne séjournent pas dans ces réservoirs.

Un mot sur les Horticulteurs et les Fleuristes.

Sans avoir peut-être, comme l'on dit, étudié philosophiquement la terre, il n'en est pas moins vrai que quelques horticulteurs et fleuristes méritent des éloges pour les progrès qu'ils font et les résultats qu'ils obtiennent. Disons seulement à ceux qui ne s'en douteraient pas, qu'ils ne font bien, et ne progressent, que parce qu'ils vont au-devant des vœux de la nature, en pratiquant les préceptes de la variété, mère de l'harmonie universelle.

Qu'ils modifient donc toujours, et le succès les attend.

Nota. Vu l'insignifiance de la calcination du granit pour engrais, d'une part, et de l'autre le doute sur la possibilité de sa calcination, nous dirons :

Premièrement : dans une œuvre de principe, les vérités peu utiles pour l'application doivent entrer en ligne pour régler le jugement;

Et, secondement : qu'on calcinera le granit quand, au moment qu'il est le plus chaud, après l'avoir tenu dans un four seulement un jour, on le fera tomber avec un râble dans un réservoir d'eau de pompe, en faisant toujours jouer la pompe pour entretenir la froideur de l'eau.

CHAPITRE XIV.

Conclusions générales.

Qui comprendra l'harmonie,
aura la clef de tout.

Ce n'est qu'en prenant la nature telle qu'elle est, c'est-à-dire en tenant compte des faits passés et de ceux qu'on voit s'accomplir journellement, qu'on arrivera par la réflexion à deviner les principes qui produisent ces résultats, ou à connaître les lois qui servent à régler ces faits.

Si les matérialistes avaient compris les lois de l'harmonie universelle, qu'ils admiraient et dont ils préconisaient l'éternité, ils auraient fait autant de bien qu'ils ont pu faire de mal en détruisant sans s'en douter, par une étrange contradiction, la continuité de l'harmonie, par cet affreux néant dans lequel ils ont voulu qu'après la mort l'homme ainsi que tout ce qui vit fussent enveloppés. Insensés, qui n'ont pas compris que la mort n'est qu'une transition, un changement de forme ; et qu'en admettant le néant après elle, cette supposition condamnait aussi, un jour ou l'autre, au néant, toute la nature, qu'ils font pourtant immortelle !...

Comment encore, avec l'unité de principe qui ressort de leur système et qui donne une âme éternelle et immortelle à l'univers, de laquelle âme ils font dériver celles des races humaines et animales, ont-ils pu tomber dans cette autre contradiction, en vouant au néant l'âme de l'homme et celle des animaux, sorties, d'après eux, de l'impérissable et éternelle âme du monde ?

Prenons donc acte de ces aberrations, pour commencer la réalisation du noble vœu que beaucoup d'entre eux ont exprimé : qu'il faut refaire l'entendement humain.

Eh bien ! pour commencer cette noble mission, il faut déblayer les masses de livres qui font plier les poutres des bibliothèques contenant de pareilles erreurs, afin que l'harmonie soit mieux comprise, que l'âme et le cœur ne soient plus desséchés par l'extinction de l'*espérance*, cette fille du Ciel, véritable panacée de tous les maux, mère de la poésie et des sentiments sublimes !

Et d'autre part : moins savants que les matérialistes (qu'on appelle athées, quoiqu'il n'y en ait point eu) dans les faits naturels, certains énergumènes ont achevé d'égarer l'entendement humain, en déshonorant la *terre* par les épithètes les plus avilissantes, et qui ont amené les hommes à la méconnaître en la regardant d'un œil méprisant, comme étant indigne de fixer le moindre de leurs regards !—Que l'humanité paie cher de semblables leçons !...

Révélés par l'esprit de ténèbres, de pareils conseils ont détourné l'homme de l'étude d'une des merveilles de Dieu, créée pour être la mère féconde et tendrement aimante des empiriques, comme de tout ce qu'elle nourrit.

Méconnue et profanée par ses plus nobles enfants, la terre est devenue une marâtre pour les coupables comme pour les innocents !... aussi est-ce à eux seuls qu'elle fait payer chèrement ce qu'ils sont forcés de lui demander.... Elle nourrit bien tout ce qui n'est pas homme !

Mais faute de comprendre la terre, première patrie de l'homme, il en est résulté un autre fléau qui devait entraîner la ruine entière des trafiqueurs de Tyr, de la Phénicie, de Carthage et des Romains, maîtres du monde : c'est le *mercantilisme!* lequel a fait chercher dans l'or les biens que la terre ne donnait qu'avec parcimonie et par de pénibles labeurs!

Tout immenses que sont les maux produits par l'ignorance et le mépris bien puéril sinon coupable de la terre, il en est découlé un autre non moins désastreux, par la contradiction des énergumènes : le *doute!*

Le vulgaire, tout épais qu'il est, ayant malheureusement remarqué que les énergumènes, après avoir employé toute leur dialectique pour mieux caractériser le mépris qu'il faut vouer à la terre, avaient pourtant beaucoup de répugnance à la quitter; et pour cela ils éloignaient, par tous les moyens, le moment de leur séparation d'avec elle. Le vulgaire a jugé, par là, qu'ils ne la quitteraient jamais, s'ils pouvaient en acheter le droit. Cette contradiction, aussi choquante que celles des matérialistes, a fait naître dans l'esprit du peuple un doute aussi désastreux dans ses effets, que la négation absolue d'une autre vie.

Ainsi, les murs des bibliothèques qui se lézardent, trop chargés d'in-folios énerguméniques, doivent aussi être déblayés, pour continuer la régénération de l'entendement humain.

Comme il faudrait écrire plusieurs volumes si l'on voulait signaler toutes les contradictions des hommes, nous avons dû seulement nous arrêter à celles qui sont le plus en opposition avec notre but, qui est de rendre l'humanité heureuse autant que possible, même au-delà du tombeau.

Ainsi, après avoir démontré que la terre satisfera généreusement tous les besoins, quand on le voudra, nous devions, pour bien remplir notre but, relever l'homme de l'abjection du matérialisme, et le guérir du supplice du *doute*. Or, à ce que nous vous avons déjà dit pour confirmer l'éternité de la vie, nous ajouterons :

Au nom de l'harmonie continue et sans fin, en garantissant l'immortalité de l'âme de l'homme, nous garantissons aussi ses transformations progressives, jusqu'aux formes de l'ange, de l'archange, du chérubin, du séraphin et des dominations, dont la révélation ne nous a pas fait entrevoir parfaitement la hiérarchie.

Mais, si l'analogie garantit infailliblement ces bienheureuses transformations pour les esprits ou âmes qui auront progressé vers la vertu et la perfection, tout aussi infailliblement, l'analogie prouve que les âmes ignobles et méchantes passeront par le creuset douloureux des purifications, avant de jouir de ces transformations sublimes : on en trouve les redoutables preuves dans les faits de la nature. Les voici :

Etant démontré pour tous, que la nature abhorre les anomalies et les monstruosités, qu'elle ne marie pas le vautour avec la colombe, le tigre avec la biche, ni le requin avec le dauphin ; il suit irrécusablement de cette séparation de la nature, que les âmes des Aristide, des Socrate, des Platon, des Titus, des S. Vincent de Paul, des Fénélon, des Fourier, etc., ne sont pas amalgamées et ne vivent pas en compagnie des âmes des Mélitus, des Denys de Syracuse, des Néron, des Mahomet, des Philippe II, et des ordonnateurs d'auto-da-fé, etc. Non, cette fusion n'existe pas, puisque les faits naturels ne peuvent l'admettre, non plus que la raison.

La crainte terrifiante qu'éprouvent généralement les méchants avant de mourir, ne provient que des pressentiments qu'a l'esprit des purifications qu'il va subir. C'est la peine du talion, que le Christ a formulée de plusieurs manières : *Quiconque se servira de l'épée, périra par l'épée ; vous serez mesurés avec la même mesure qui vous aura servi à mesurer les autres.* Ainsi, ceux qui auront caché la lumière sous le boisseau, subiront plus tard le supplice de dire la vérité aux hommes ! Ainsi, les auteurs de lettres de cachet blanchissent à leur tour dans des cachots ténébreux ! Ainsi, ceux dont les narines ont pu flairer la vapeur de la viande humaine brûlée, sont placés dans les régions de feu !

Ainsi, comme le Christ a dit encore, toujours avec la même vérité : *Tout arbre qui ne portera pas du fruit, sera coupé pour être jeté au feu.* Ceux donc qui n'ont reçu l'existence que pour la transmettre à leur tour, ainsi que le veut la nature, pour la continuité de l'animation ou de l'harmonie, et qui vont contre les vues de Dieu par leur refus de rendre ce qu'ils sont bien aises d'avoir reçu, éprouveront un désir immodéré de reproduire, sans le pouvoir!... Nouveaux Tantales, placés au milieu des circonstances les plus entraînantes pour la procréation, ils ne pourront effectuer ce désir!...

Si l'on fait attention que la peine du talion frappe même dans cette vie, ce langage deviendra sérieux. Et qui donc peut douter qu'on est toujours puni par où l'on a péché? Oui, la punition est toujours relative, ici comme plus loin.

Gage des bonnes mœurs, que le mariage soit donc l'état de tous les hommes, en attendant que leur sagesse fasse disparaître un préjugé funeste aux uns et aux autres.

Etant prouvé aussi que la misère retarde la progression perfectible de l'âme, nous engageons les hommes à profiter des trésors intarissables de la terre, en la cultivant d'après les préceptes que la nature nous indique. Alors on verra disparaître le paupérisme, dont la bouche béante de faim, semblable au cratère d'un immense volcan, menace de couvrir le monde de cendres brûlantes!

C'est le seul moyen, que l'on n'en doute pas, de ne faire ouvrir la bouche à la misère que pour chanter des hymnes de reconnaissance et de joie.

Alors encore l'âme des nations s'élèvera à la hauteur des biens des autres vies, par le bonheur de la présente : car, pour sublimiser l'esprit et l'élever jusqu'à Dieu, il faut que l'homme soit heureux. Quelle foi peut exister en présence d'un malheur aussi long que l'existence présente ? Les faits parlent trop haut pour qu'on puisse encore s'y méprendre.

Avec ces conditions diverses, l'entendement humain continuera à se refaire ; on préparera l'harmonie sociale, et l'on aura trouvé le chemin qui conduit au royaume de Dieu, le bonheur rendant l'homme religieux et meilleur.

Enfin, sans dire ici tout ce que l'analogie nous a appris, puisque notre but n'est pas de faire un traité de physiognosie, dont nous sommes d'ailleurs incapable, nous dirons simplement en nous répétant, que :

Puisqu'il est vrai que ce qui constitue l'harmonie, c'est la dissemblance continue de tout ce qui est ; qu'ainsi ce qui constitue l'harmonie aujourd'hui, ne peut la constituer demain, car sans cela il y aurait monotonie. Nous ajouterons :

De là, l'infixité permanente de la position des systèmes solaires, des globes, par leur différence d'inclinaison et de marche vers les extrémités de leurs orbites;

De là, la différence continue des vents, de la chaleur, du froid, des pluies, des saisons et des tempêtes ;

De là, le déplacement des planètes et leur conversion en comètes, qui, par la vitesse de leur mouvement, entrent en incandescence, comme pour se régénérer et se préparer aux formes nouvelles qu'elles produiront, après s'être fixées de nouveau dans un endroit de l'espace (1) ;

---

(1) L'analogie prouve que les comètes qui restent trop longtemps errantes, se perdent en s'usant par le frottement de l'air. Leur queue, ou chevelure lumineuse, provient de ce frottement, d'autant plus puissant que la vitesse de leur marche est très grande. Plus légères par leur ténuité que le noyau central, les parties détachées par le frottement, restent en chemin ou en arrière; car ces parties, étant embrasées, se gazéïfient et vont ainsi augmenter le volume des aurores boréales des autres planètes, comme pour les aider dans les modifications de forme qu'elles doivent produire, ou pour devenir, dans l'espace, des germes de nouvelles planètes. Et, comme l'analogie prouve encore qu'il y a des courants dans l'espace ainsi que dans les mers, la voie lactée semble bien avoir été un

De là, la différence de grandeur des soleils et du nombre de leurs planètes, la perte de

---

immense courant où les comètes auront semé à profusion les germes des mondes nombreux que contient cette partie de l'espace.

Il peut bien se faire que la nature emploie un moyen semblable pour varier et pour animer les points de l'espace qui ne l'ont pas été depuis longtemps.

NOTA 1°. Avec l'unité d'un germe modifiable à l'infini, comme nous l'avons avancé, l'on comprend la formation d'un monde au moyen d'une fraction de cette unité-germe, tout aussi facilement que nous concevons nos deux bras : car la fraction, étant aussi modifiable à l'infini, contient non-seulement les formes et couleurs qui entrent dans l'harmonie d'un globe, mais encore les formes et couleurs nécessaires à l'harmonie perpétuelle de la nature entière... Ainsi, pour la formation d'un monde par une fraction de l'unité-germe, il ne faut que le simple développement des formes que contient la fraction-germe.

C'est l'infime unité mathématique, d'où sortent tous les autres nombres infinis, produisant une puissance infinie!

C'est l'unité du son, d'où découlent pourtant des compositions sans fin, produisant une puissance d'harmonie sonore, également infinie!

C'est la parole, traduite en autant de modifications qu'il y a eu et qu'il y a d'êtres parlants : de là des combinaisons infinies, dont cet Essai est une preuve.

L'unité, ce sont toutes les fractions, et toutes les fractions ne sont que l'unité ; ou, le tout c'est l'unité, comme les unités sont le tout!

NOTA 2°. Pour ne point faire de réticence, nous ajoutons que :

leur lumière ou leur repos, et l'apparition de nouveaux soleils, ainsi que de nouvelles planètes;

De là, les cataclysmes; le changement continuel, quoique insensible, des mers; l'instabilité des nations, des empires, des lois, des idées, des besoins; les caprices de la mode, l'inépuisable fécondité de l'invention pour satisfaire aux caprices de cette fille légère de la variété; et le supplice de l'imposture par les accents foudroyants de la vérité, qui, d'après la loi qui règle l'harmonie, règne à son tour dans un temps ou dans un autre.

Et, comme tous les mondes ou globes ont quatre phases dans leur existence, comme tout ce qu'ils nourrissent subit chacune de ces phases, il s'ensuit que l'harmonie change ou

---

Comme il ne peut y avoir perturbation dans l'œuvre du Tout-Puissant, on se trompe quand on croit que l'aberration des comètes dans l'espace en est la preuve. Cette perturbation n'en est pas une réelle, tant s'en faut; car les comètes ne semblent être, dans les mains de Dieu, que le semoir dont il se sert pour le développement des mondes nouveaux, par les mondes décrépits. Ici encore, nous pensons que la science viendra justifier ces idées analogiques, qui, nous l'affirmons, ne passeront pas vite.

Ce qui paraît plaisant, souvent est fort sérieux!

modifie sans cesse le tableau précédent ; elle ne peut s'en dispenser, pour continuer d'être ce qu'elle doit être.

De là, les nouvelles formes qui, sans aucun doute, apparaîtront sur notre globe.

Et comme la première phase est toujours empreinte de la faiblesse de l'enfance, il suit de là, que les formes de la phase de virilité sont supérieures à celles de la première.

C'est ainsi encore que s'expliquent les formes si étranges qu'on nomme anté-diluviennes.

Que l'humanité se rassure donc, et prenne courage ; car notre globe sort de la phase de faiblesse ou de pauvreté (qui dit faiblesse, dit misère), et nous promet, grâce aux modifications prochaines, des types mieux coordonnés et mieux appropriés pour notre bonheur, comme pour l'harmonie qui doit commencer le règne de Dieu sur la terre.

Mais, en attendant ces heureux événements, comme les besoins présents sont impérieux, que la réunion des forces exploite donc la terre ; et à l'instant la misère disparaîtra par la régénération de l'agriculture, et aussitôt la sécurité remplacera la terreur.

Au temps où nous vivons, qui n'aurait encore compris que c'est de la division des intérêts que résulte l'impuissance ?

Que les hommes s'associent donc pour exploiter la terre; et alors trois cents hectares, qui ne peuvent présentement nourrir neuf familles de grangers de sept personnes chacune, en nourriront facilement un millier!

Dès-lors l'argent, tout en produisant beaucoup, sera à l'abri de toute éventualité, et des hommes recommandables ne seront plus précipités dans le malheur!

Nous le répétons, toutes ces conditions étant remplies, l'entendement humain sera régénéré, ainsi que le bonheur primitif qu'on appelle *Edénisme*. Dès ce moment les hommes seront unis dans la même communion par le bonheur, qui les rendra aussi bons qu'ils le sont peu, aussi religieux qu'ils sont hypocrites; et une religion unitaire et sublime, réunissant dans un même concert les accords du monde entier, variés à l'infini, ainsi que les versets d'une poésie sublime, enverra vers les cieux des chants d'amour et de reconnaissance.

FIN DE LA SECONDE ET DERNIÈRE PARTIE.

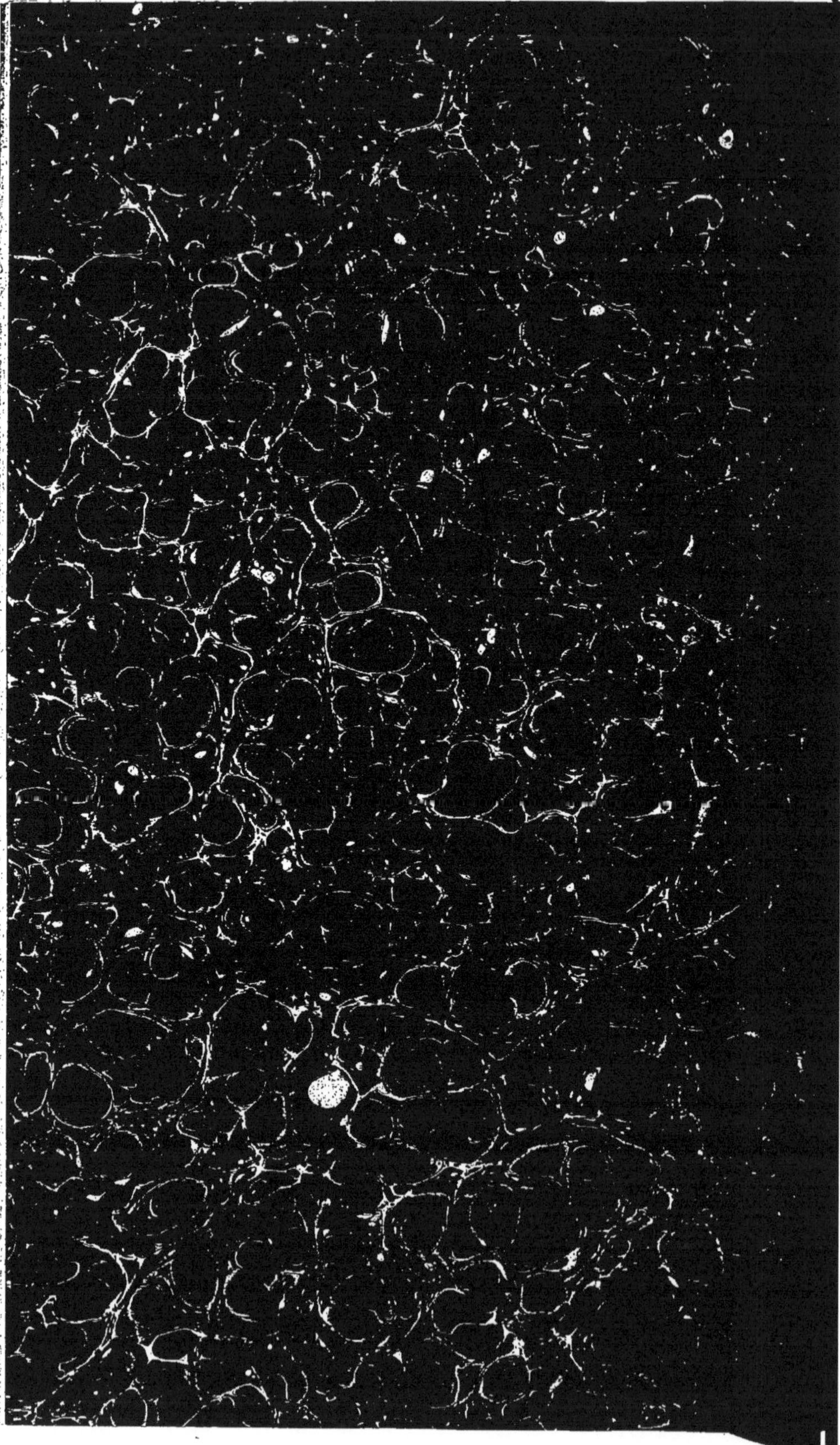

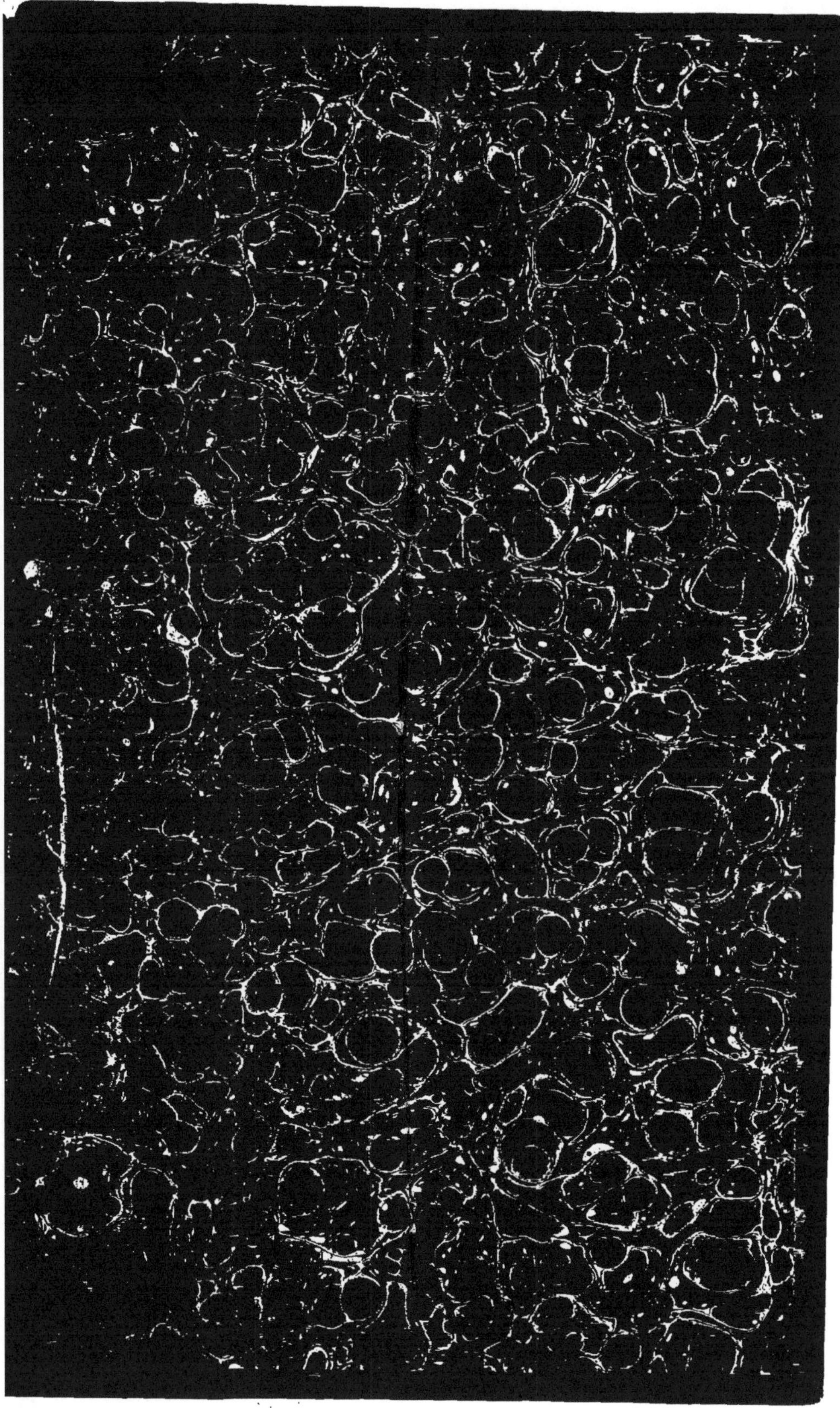

www.ingramcontent.com/pod-product-compliance
Ingram Content Group UK Ltd.
Pitfield, Milton Keynes, MK11 3LW, UK
UKHW021048230726
13926UKWH00004B/1723